镍基 AlN 纳米仿生镀层的喷射电沉积制备与表征技术

张宏斌　著

哈爾濱工程大學出版社
Harbin Engineering University Press

内 容 简 介

本书以仿生学、表面科学、现代测试技术为理论和技术基础，研究金属零件表面镍基 AlN 纳米仿生镀层的制备与表征技术。本书共 10 章，主要内容包括绪论、镍基 AlN 纳米仿生镀层制备、镍基 AlN 纳米仿生镀层组织结构表征方法、镍基 AlN 纳米仿生镀层性能测试分析方法、仿生表面摩擦磨损有限元分析、仿生表面减阻耐磨性能机理探究、脉冲-喷射电沉积镍基 AlN 纳米仿生镀层工艺优化、脉冲-喷射电沉积镍基 AlN 纳米仿生镀层性能研究、电流密度对镍基 AlN 纳米仿生镀层性能的影响、镍基 AlN 纳米复合镀层的应用及科技前沿等。

本书具备知识体系完整、技术理论新颖、理论与实践并重等特点，可供普通高等院校机械类、材料类等专业师生阅读参考，还可供从事金属材料表面技术研究的科研人员参考使用。

图书在版编目（CIP）数据

镍基 AlN 纳米仿生镀层的喷射电沉积制备与表征技术 / 张宏斌著. — 哈尔滨：哈尔滨工程大学出版社，2024.4
ISBN 978-7-5661-4373-0

Ⅰ. ①镍… Ⅱ. ①张… Ⅲ. ①镍基合金-摩擦电喷镀-电沉积-制备 Ⅳ. ①TQ153

中国国家版本馆 CIP 数据核字（2024）第 092523 号

镍基 AlN 纳米仿生镀层的喷射电沉积制备与表征技术
NIEJI AlN NAMI FANGSHENG DUCENG DE PENSHE DIANCHENJI ZHIBEI YU BIAOZHENG JISHU

选题策划　夏飞洋
责任编辑　秦　悦
封面设计　李海波

出版发行　哈尔滨工程大学出版社
社　　址　哈尔滨市南岗区南通大街 145 号
邮政编码　150001
发行电话　0451-82519328
传　　真　0451-82519699
经　　销　新华书店
印　　刷　哈尔滨午阳印刷有限公司
开　　本　787 mm×1 092 mm　1/16
印　　张　12
字　　数　228 千字
版　　次　2024 年 4 月第 1 版
印　　次　2024 年 4 月第 1 次印刷
书　　号　ISBN 978-7-5661-4373-0
定　　价　62.00 元
http://www.hrbeupress.com
E-mail:heupress@hrbeu.edu.cn

前　言

随着现代工业的迅速发展,越来越多的机械设备在大载荷、高温、高腐蚀等工况中运行,这导致机械设备零部件的故障率明显升高。机械设备零部件的故障主要是由其本身材料发生磨损、腐蚀、断裂所引起的。据统计,因磨损和腐蚀引起的金属材料表面失效问题占零部件总故障率的80%以上。因此,对机械零部件进行表面改性处理,已成为当前机械工程领域亟待解决的重要技术问题。

本书以仿生学、表面科学、现代测试技术为理论和技术基础,采用仿生表面技术和喷射电沉积技术,建立了一种在机械设备零部件表面沉积镍基AlN纳米仿生镀层的新方法。在镍基AlN纳米仿生镀层制备过程中,运用接触力学基本理论和仿生表面技术优化设计,保障所制备纳米镀层的低摩阻特性;通过镀液体系控制及工艺参数组合优化实验,保证机械设备零部件的高耐磨性能和抗腐蚀性能。

本书在科学技术基础、机械设备零件接触问题求解、低摩阻仿生结构参数优化、仿生结构摩擦磨损机理探究与性能评价、纳米仿生镀层制备工艺优化、纳米仿生镀层制备方法寻优、镍基AlN纳米仿生镀层的应用和科技前沿等方面进行了详述。本书研究成果为金属基“仿生-结构-功能”融合化纳米材料制备提供了一定的技术支持,也为纳米仿生镀层在机械、石油、化工等领域的应用提供了一种新方法。

本书是在中国博士后科学基金面上资助项目“高压柱塞泵关键件表面喷射电沉积Ni-SiC纳米仿生镀层的制备机理及表征”(项目编号:2023M740583)、齐齐哈尔市科技计划重点项目“生物质锅炉高温受热面改性技术研究”(项目编号:ZDGG-202201)等资助下撰写而成的。

本书由齐齐哈尔大学机电工程学院副教授、东北石油大学应用技术研究院博士后张宏斌撰写,由东北农业大学工程学院教授夏法锋主审。在本书的撰写过程中,得到齐齐哈尔大学李治平、钟林,东北石油大学李华兴、苑博旭、张红哲等研究生的大力帮助,在此一并表示感谢!同时,特别感谢哈尔滨工程大学出版社对本书的重视和支持,也对本书中所参阅文献资料的作者表示衷心的感谢!

鉴于著者水平有限,书中难免存在不足之处,敬请广大读者批评指正。

张宏斌

2024年1月

目　　录

第1章 绪　论

1.1 引　言

随着现代工业迅速发展,越来越多的机械设备在大载荷、高温、高腐蚀等工况中运行,这导致机械设备零部件的故障率明显升高。机械设备零部件的故障主要是由其本身材料发生磨损、腐蚀、断裂所引起的。据统计,因磨损、腐蚀所引起的金属材料表面失效约占零部件总故障率的80%以上。因此,在机械设备零部件表面进行改性处理,提高金属材料表面耐磨性能及耐腐蚀性能,对延长机械设备的使用寿命以及提高机械系统的工作效率有重要意义。

金属材料表面改性是材料学科中的一项重要研究工作。近年来,随着金属材料表面改性技术不断创新和应用,使得机械设备的使用寿命越来越长,维修成本大大降低,为工业生产带来了非常可观的经济效益。电沉积法作为一种常见的金属材料表面改性技术,因其具有设备简单、易于操作、成本低、效率高等诸多优势,被广泛应用于机械设备表面改性工作中。电沉积法的基本原理是利用电化学作用使金属原子在基体金属上凝聚生长,形成一定厚度的覆盖层,并实现对基体金属表面的完全包覆。然而,传统电沉积制备的膜层通常存在较大的内应力,膜层与基体金属间的结合力较差,易发生开裂、翘曲及龟裂等现象。为此,国内外学者对传统电沉积技术进行改进,以脉冲电源代替直流电源,将静止状态的镀液改为流动状态的镀液,以改善镀层与基体间的结合力,由此脉冲-喷射电沉积技术应运而生。

随着国内外学者对镀层研究的不断深入,他们发现引入纳米颗粒增强相的金属基纳米复合镀层比单一金属镀层在力学、耐腐蚀、耐磨损等方面更有优势。纳米颗粒增强相种类众多,较为常见的有 SiC、Al_2O_3、ZrO_2、CeO_2 等。而 AlN 纳米颗粒是一种以六方纤锌矿共价晶体结构存在的非氧化物特种陶瓷材料,具有硬度大、热导率高、性能稳定等综合优势,上述特性使其非常适用于作为摩擦副表面镀层的增强相颗粒。此外,AlN 颗粒在高温和高压工况下能够表现出优异的摩擦磨损特性和抗高温氧化性能,它能够限制镀层中晶界的滑动,提高金属基纳米复合镀层内部的结构致密性,并可有效改善其耐腐蚀性能。

随着仿生学的兴起,金属材料表面改性又开辟了一种新途径。仿生指通过对生物系统中具有优良特性的结构、功能进行移植模仿,以实现生物体结构所具备的功能特性。仿生学的发展促进了减摩、抗黏附、抗磨损仿生表面在农业、工业、日常生活、交通运输等领域的应用。在农业方面,农用机械的关键部件(如压辊、推土板、旋耕犁)在工作过程中受到较大的黏土阻力,将仿生表面应用在上述部件表面,可有效降低黏土的阻力,起到减粘、降阻作用,从而提高农用机械作业效率。在工业方面,将仿生表面应用在离心泵叶片、往复泵柱塞、马达滑靴副、高速钻头等工业部件上,可显著提高上述设备的耐磨性能及工作效率。在生活方面,具有仿生沟槽表面的刀具展现出优异的降阻和耐磨特性,附带仿生非光滑表面的炊具展现出优异的自洁防黏附性能。在交通运输方面,船舶在水中航行时,受到水的阻力较大,将仿生表面应用在船舶吃水线以下位置,能够显著减小水的阻力,降低能源消耗;将仿生表面应用于汽车车身形态结构设计,能够减小汽车行驶过程中所受阻力,降低汽车油耗。仿生表面在各领域上的成功应用促进了仿生摩擦学的发展,推动科研人员从几何、物理、材料等角度借鉴生物界的成功经验和创成规律,来进一步优化金属材料表面的优良特性。

将仿生学技术和脉冲-喷射电沉积技术相结合,通过在仿生非光滑表面脉冲-喷射电沉积镍基 AlN 纳米镀层,可有效提高金属材料表面的耐磨和耐腐蚀性能,使其具备优异的减阻、耐磨特性和耐腐蚀特性,进而延长金属材料表面的使用寿命,提高机械零件摩擦副的工作效率。机械设备零部件表面改性研究有着重要的研究意义和应用价值。

1.2 仿生摩擦学发展现状

1.2.1 仿生摩擦学介绍

据不完全统计,全世界每年有 50%~66%的能源消耗都是由机械设备的摩擦引起。同时,摩擦产生的磨损也是机械设备失效的主要原因之一。因此,如何降低机械设备的摩擦,改善机械零部件的表面性能已成为当前机械设备结构优化及其制造领域重要的措施之一。不仅如此,仿生摩擦学对提高机械产品的综合质量、延长机械设备的使用寿命、提高机械设备的工作效率也有着重要的作用。因仿生摩擦学对工业生产和日常生活均产生巨大影响,故仿生摩擦学受到世界各国的高度关注，并成为近年来发展最为迅速的学科之一。随着仿生技术的发展，尤其是对生物仿生摩擦学的深入研究，人们开始运用仿生学原理对自然界中具有优异摩擦学特性的结构进行移植模仿，通过对生物系统减摩、抗黏附、抗磨损和润滑机理进行研究，将其广泛应用于实际生产中。

摩擦主要发生在材料的表层，因影响材料摩擦的因素较多，使得对材料摩擦的实验及理论研究均较困难，故摩擦学研究已逐步由宏观分析向微观表征转变。一般来说，材料之间的摩擦主要分为干摩擦、边界摩擦、液体摩擦和混合摩擦四种形式。发生摩擦的两个物体（摩擦副）必然存在不同形态的凸起与凹陷，当摩擦副表面产生相对运动时，材料之间必然会产生摩擦，从而导致机械零部件材料的磨损。因此，探究材料的摩擦磨损性能是非常有必要的。此外，从微观角度来看，材料的磨损主要分为磨粒磨损、黏着磨损、疲劳磨损、冲蚀磨损四大类。其中，机械零部件的磨粒磨损占材料磨损的50%以上。

（1）磨粒磨损

磨粒磨损主要是由外部环境中的硬质粒子和机械零件表面的硬微凸起引起的，硬质粒子和硬微凸起对材料表面的挤压以及沿表面运动所造成的材料损失，称为磨粒磨损。众所周知，磨粒磨损产生的碎屑以及脱落的硬质粒子可对机械零件表面造成二次磨损。

（2）黏着磨损

当材料表面发生点接触时，在一定载荷下材料表面会发生相对滑动。当材料的接触点发生塑性变形时，材料表面的膜层将发生破裂，导致材料接触表面的温度瞬间升高，甚至出现熔化或软化现象，进而使得材料接触点部位出现黏着。随着材料表面的继续滑动，在摩擦产生的剪切力作用下，材料表面的黏着部位被撕脱，上述现象称为材料表面的黏着磨损。

（3）疲劳磨损

在法向力作用下，两个接触物体表面就会发生滚动和滑动摩擦。同时，在高的接触压应力作用下，材料因长时间的摩擦，表面局部区域会产生小块剥落，并形成麻点或凹坑，上述现象称为材料表面的疲劳磨损。

（4）冲蚀磨损

冲蚀磨损是指当材料表面受到细小松散的硬质粒子冲击时，其表面出现不同程度破坏的现象。冲蚀磨损还可指含有一定固体粒子的流体与材料表面接触时，材料发生损耗的现象。其中，携带固体粒子的流体可能是气流，还可能是液流。

针对上述材料的磨损形式，国内外学者开展了大量研究工作。目前，有关减少材料摩擦磨损的主要措施如下：

(1)选用合理的摩擦副材料；

(2)控制好材料的表面粗糙度；

(3)使用润滑剂；

(4)改变摩擦形式,使材料的摩擦形式由滑动摩擦变为滚动摩擦。

近年来,许多学者已将研究重心转向了仿生表面材料的设计与研发。其中,耐磨减阻非光滑仿生表面已成为国内外研究的热点之一。

1.2.2 耐磨减阻非光滑仿生表面国内研究现状

传统思想认为,摩擦副接触表面越光滑,其磨损程度就越低。然而,事实并非如此。目前,已有大量研究证明,具有一定规则排列纹理状的结构能够减小材料表面的摩擦力,进而改善材料的耐磨性能。仿生表面技术因具有低摩阻、高耐磨、高承载等特点,已成为当前国内外学者研究的热点之一。杜卫刚利用超高分子量聚乙烯的减粘特性,结合仿生非光滑表面的减粘脱附机理,在开沟器表面设计出一种波纹状的非光滑表面结构,用于解决开沟器工作中的土壤壅堵问题,并通过试验探讨了影响波纹状非光滑表面结构黏附程度的主次因素。结果发现,土壤含水量是影响开沟器土壤壅堵的主要因素,不同结构的开沟器对土壤的耐磨减阻作用存在一定差异。张为等探究了蜣螂体表仿生结构对高速铣削淬硬钢耐磨性能的影响。王京春等根据蚊子口器及上颚形态等结构,设计出一种仿生状注射针头。他们采用激光加工技术与辊压成型技术,在注射针头表面制备出非光滑仿生表面,研究了非光滑仿生表面的形态分布对注射器针头减阻性能的影响。结果表明,合理的非光滑仿生表面参数可降低注射器针头的阻力。唐俊等设计出虎鲸皮肤结构的非光滑表面,降低了水下航行器的摩擦阻力。张春华采用逆向工程思想,将信鸽体表形态作为仿生研究对象,设计出一种用于风扇表面的仿生耦合形态。通过风洞测试证实了仿生耦合风扇具有一定的减阻和降噪功能。秦晓静等利用 Fluent 软件进行模拟研究沙漠红柳树干表皮仿真模型的抗冲蚀机理,并应用在离心风机叶轮领域。王兆亮等对野猪头部吻突部位进行数学特性分析,提取了野猪头部吻突部位的生物几何特性,设计出五种不同结构的仿生起垄铲。他们利用土槽试验获得不同仿生结构起垄铲的起垄阻力参数,并通过有限元法模拟起垄铲与土壤相互作用过程及其耐磨减阻机理。张琰等通过模仿蝼蛄爪趾形态,使用多项式拟合方法得到蝼蛄爪趾的侧面轮廓线,并利用一体化成型技术制备出一种新型的挖掘机仿生斗齿样件。土壤切削试验结果表明,仿生斗齿受到的土壤切削阻力较原型斗齿降低了11%左右。Hu 等研究表面蘑菇状几何仿生结构的据水机理。Qi 等研究了鱿鱼鳍仿生表面和复合磁性纳米流体对 CPU 冷却性能的影响。田丽梅等率先提出形态/材料耦合仿生的新方法,通过模仿海豚表面的结构形态,在面层材料表面制备出非光滑仿生表面,并对其减阻特性进行研究。面层材料的弹性模量及基底仿生形态的间距对减阻特性有较大影响。面层材料的弹性模量越小,其减阻效果越好。另外,当基底仿生形态间距为 2 mm 时,其减阻效果最好。最后,田丽梅等又创新性地制备出一种旋转涂覆设备,并对刚性仿生基底表面进行聚氨酯涂覆。在此基础上,获得最佳的涂覆参数组合:涂覆时间为 53.7 s、旋转速度为 401 rad/min、浇注温度为 90.1 ℃。

一些学者在耐磨减阻非光滑仿生表面领域也取得了诸多成果。张晓萌等利用 Workbench 软件模拟分析缓慢行走时传统表面髋关节假体和仿生表面髋关节假体的受力情况。结果表明,仿生表面髋关节假体可有效增加术后假体稳定性,延长使用寿命。戴哲敏等在陶瓷泥料切向阻力检测装置的喷嘴表面设计出一种仿生微电渗结构,使其具备仿生表面的减粘降阻性能。结果发现,仿生微电渗表面的减粘降阻功能能有效减小泥料与壁筒间的黏着力,从而改善泥料的综合性能。孙友宏等将非光滑表面应用于金刚石钻头的结构设计中,通过实验测试仿生钻头与普通钻头的失效和能耗差异,进而确定出一种具有耐磨减阻特性的仿生钻头,使其耐摩擦性能提高了 47%。许建民根据美洲豹头部外形的特点,设计出一种货车驾驶室前部的仿生减阻结构,并利用正交试验法对该减阻结构进行优化。最终优化出减阻结构货车的模型,使其气动阻力系数达到最小。结果发现,该结构的气动阻力系数比常见货车的气动阻力系数降低了 8.93%。杨雪峰等利用滚压成型技术在 PVC 和 PET 薄膜上制备出一种仿生鲨鱼皮结构,探究了鲨鱼皮微凹槽结构的减阻性能,并分析了微沟槽结构的减阻机理。李凯杰在离心泵叶片吸力表面制备出一种凹坑单元结构,并探究了叶轮表面非光滑单元对叶轮结构减震的影响规律。代翠在离心泵叶片表面加工 V 型槽仿生结构,并对离心泵内部流场进行数值模拟。研究表明,离心泵叶片表面的仿生结构能够降低离心泵阻力的 3.1%左右,进而提高了离心泵的抽汲效率。

近年来,有些学者开始将仿生表面技术和薄膜技术相结合,研制出了一类仿生结构与表面薄膜相结合的仿生结构薄膜。郭蕴纹等采用激光加工技术在 C1008 钢材表面制备出类贝壳凹坑形结构,然后利用电沉积法成功制备出凹坑形仿生纳米碳化硅/镍基复合镀层。张金波等研究了水生软体栉孔扇贝仿生结构对深松铲刃耐磨性能的影响。李晶等采用激光烧灼技术在粗化铝合金表面制备出蛱蝶翅膀鳞片仿生网格状多级结构,并研究了该薄膜的脱附、减阻和自清洁性能。

目前,有关仿生结构薄膜的制备工艺尚无通用的生成准则。今后国内研究和发展的趋势是:在深入研究仿生结构薄膜制备工艺基础上,探讨仿生结构薄膜表面的摩擦学行为微观机制,通过借鉴表面加工技术,尤其是微纳米加工技术,研制新型仿生结构镀层,并拓展其应用领域。

1.2.3　耐磨减阻非光滑仿生表面国外研究现状

国外学者对耐磨减阻非光滑仿生表面的研究起步较早,20 世纪 70 年代,Harmock 等在旋转机械的密封端面上加工出一种规则排列的微凸起结构。研究发现,这些微凸起结构能够增加密封端面的承载能力,有效改善了旋转机械密封端面的摩擦性能。20 世纪 90 年代,Ranjan 等在计算机光盘上制备出顺序排列的凹坑形仿生表面。研究证明,该凹坑形仿生结构能够显著减小磁盘头与光盘表面的摩擦阻力,且其耐磨性能优异。Etsion 等重点研究了微织构对活塞环的减阻作用,通过在活塞环上加工顺序排列的微织构,可使活塞环与气缸套间的阻力显著减少。此外,微织构能够对活塞环起到一定的减阻和润滑作用。结果表明,合理的微织构参数更能有效地减小活塞环与气缸套间的摩擦。Shen 等研究了润滑油对材料表面微织构的影响规律,他们认为如果微织构中不存在润滑油时,材料表面的摩擦性能不能得到有效改善,其摩擦阻力将提高 70%左右。只有在润滑油存在的情况下,材料表面的微织构才能够起到减摩作用。

Ryk 等分别在活塞环和止推轴承上制备微织构仿生结构,并优化出微织构仿生表面的结构参数。与无织构活塞环相比,带有仿生织构结构的活塞环,摩擦阻力减小了 25%。此外,具有仿生结构的止推轴承,摩擦系数也减小了约 50%。Basti 等利用光刻技术在刀具表面分别加工出四种不同类型的织构,并利用织构刀具进行铝板的切削实验。研究发现,在润滑介质存在条件下,微沟槽织构能够显著降低切削刀具的摩擦力。Maeda 创造性地提出了在摩擦副表面加工 3D 打印毛细结构的仿生表面。研究表明,3D 打印的毛细结构能够储存一定的润滑剂,在摩擦副的运动过程中,该结构有效提高了摩擦副表面的润滑性能,进而使摩擦副具有耐磨减阻功能。Cardellini 等制备了具有不同膜覆盖度的 SiO_2 纳米颗粒(SiO_2 NPs),并结合显微、散射和光学技术来监测它们与 Au NPs 的相互作用。Ciriello 等通过在刀具前刀面制备一定密度的微沟槽仿生结构,证明了合理的仿生微沟槽结构参数能够显著降低刀具前刀面的摩擦力。其中,带有仿生沟槽的刀具前刀面的微观结构如图 1.1 所示。

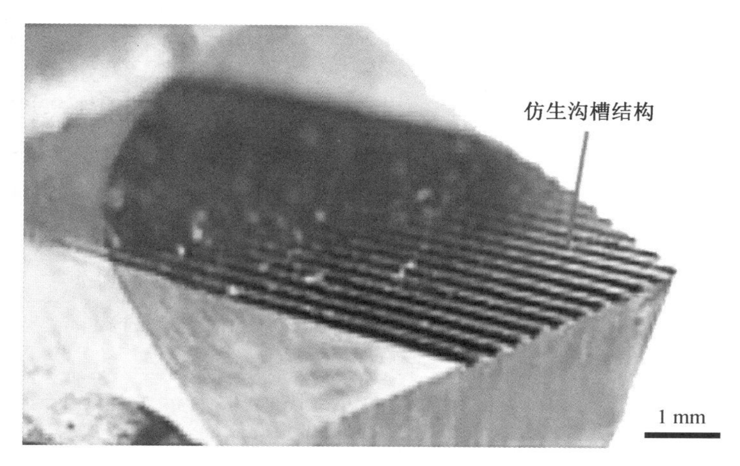

图 1.1 带有仿生沟槽的刀具前刀面的微观结构

1.2.4 耐磨减阻非光滑仿生结构的原始形貌

自然界中,具有耐磨仿生结构的动植物较多。目前,具有耐磨减阻功能的生物体结构主要包括海洋生物体表均匀分布的棱柱凹槽交错结构、地面爬行类生物体表遍布的凸起鳞片结构以及甲虫躯体遍布的凹坑结构三种。

海洋生物体表均匀分布的棱柱凹槽交错结构如图 1.2 所示。由图 1.2(a)可知,贝壳的体表主要分为最外层、中间层和内层。其中,最外层为贝壳的硬角质层,中间层为贝壳的棱柱壳层,内层为贝壳的珍珠层,这三层的主要组成成分为 $CaCO_3$ 及少量贝壳素。因此,海洋生物的外壳在天然成分上具有一定的耐磨优势,其外壳的耐磨性能主要得益于其表面的棱柱凹槽交错结构。贝壳在水中受到泥沙冲蚀时,其棱柱凹槽交错结构能够引导泥沙穿过贝壳体的表面,部分泥沙会储存在棱柱间的凹槽内。但后续进入贝壳凹槽的泥沙会与储存的泥沙发生碰撞,从而降低了泥沙在贝壳凹槽中的沉积概率。由图 1.2(b)可知,鲨鱼皮体表交错的棱状结构形成的沟槽,可有效约束流体在其边界层的流动,起到稳定流场的作用,进而减小鲨鱼在海洋中的游动阻力。

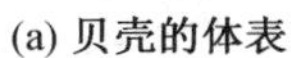

(a) 贝壳的体表

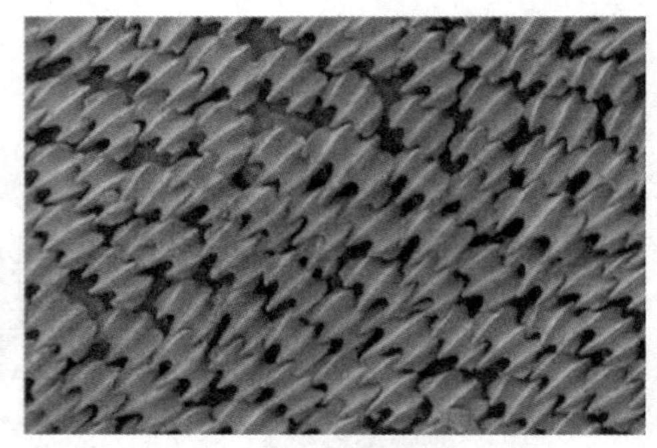

(b) 鲨鱼皮的体表

图 1.2　海洋生物体表均匀分布的棱柱凹槽交错结构

图 1.3 为地面爬行类生物体表遍布的凸起状鳞片结构。其中,图 1.3(a)为蛇的体表鳞片图,图 1.3(b)为蜥蜴的体表鳞片图。由图 1.3 可知,当蛇和蜥蜴爬行时,它们表面凸起的鳞片结构能够减小沙石在其体表的堆积,且沙石会沿凸起结构的弯曲边缘进行移动,从而减小了鳞片与沙石的接触面积,降低了地面爬行类生物的爬行阻力,并有效降低了蛇和蜥蜴鳞片表面的磨损率。

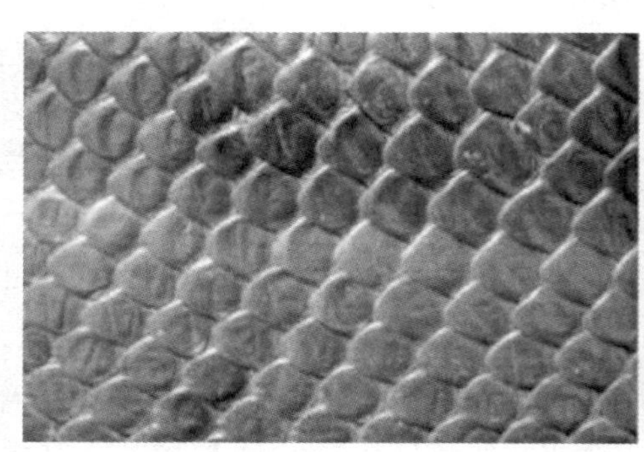

(a) 蛇的体表

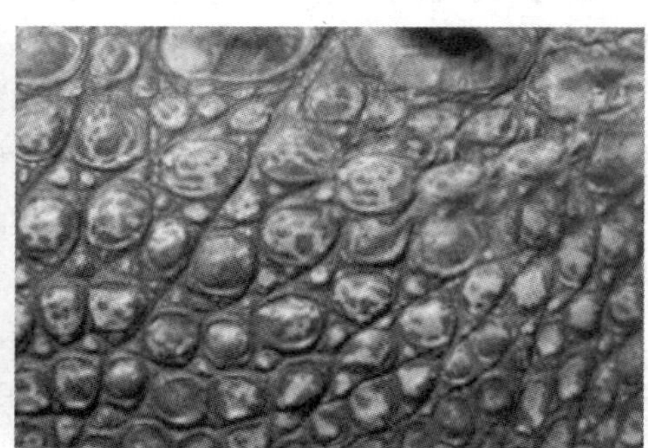

(b) 蜥蜴的体表

图 1.3　地面爬行类生物体表遍布的凸起鳞片结构

图 1.4 为甲壳类生物体蜣螂的宏观和微观凹坑状结构。其中,图 1.4(a)为蜣螂的整体结构,图 1.4(b)为蜣螂体表凹坑的放大图。由图 1.4(b)可知,在蜣螂身体表面分布着大小形状不同的凹坑状结构。当蜣螂爬行时,其表面的凹坑状结构能够使蜣螂体表与土壤、空气间产生一定的间隙,从而降低了蜣螂表面的摩擦阻力。此外,蜣螂体表凹坑中的空气能够形成一定厚度的气膜,这对蜣螂体表又起到

了一定的润滑作用。当甲壳类生物体凹坑内部存在一定的沙粒或碎屑时,沙粒或碎屑又可改变壳体与地面的摩擦方式,使其由滑动摩擦转变为滚动摩擦,进一步减小了甲壳类生物体的运动摩擦阻力。

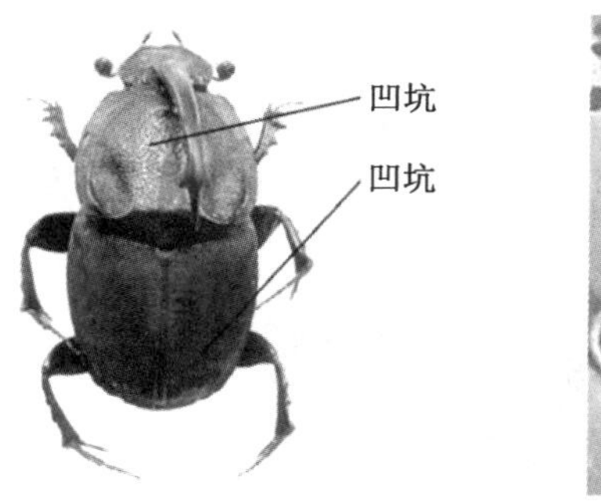

(a) 蜣螂的整体结构

1 mm

(b) 蜣螂体表凹坑的放大图

图 1.4　甲壳类生物体蜣螂的宏观和微观凹坑状结构

1.3　金属基纳米复合镀层概述

1.3.1　金属基纳米复合镀层的简介

纳米材料是由单一或不同种类的纳米颗粒构成的固体材料,主要包含纳米微粒、纳米固体和纳米组装体系三个层次。纳米微粒是指线度处于 1~100 nm 的粒子的聚合体,纳米微粒的形态并不限于球形,还有片形、棒状、针状、星状、网状等。其实物形态示例如图 1.5 所示。

纳米固体是由纳米微粒聚集而成的凝聚体,从几何形态的角度可将纳米固体划分为纳米块状材料、纳米薄膜材料和纳米纤维材料。其实物形态如图 1.6 所示。

纳米组装体系是由人工组装合成的纳米结构体系,也叫纳米尺度的图案材料。它以纳米微粒以及它们组成的纳米丝和纳米管为基本单元。一般可将纳米材料按照几何形态分为零维纳米材料(颗粒)、一维纳米材料(纳米管或纤维)、二维纳米材料(薄膜)、三维纳米材料(纳米块体),这些纳米材料的实物形态如图 1.7 所示。由于纳米材料具有高硬度、高表面能、界面效应、小尺寸效应等特性,故纳米材料已在机械、化工、石油、军事等领域得到广泛应用。

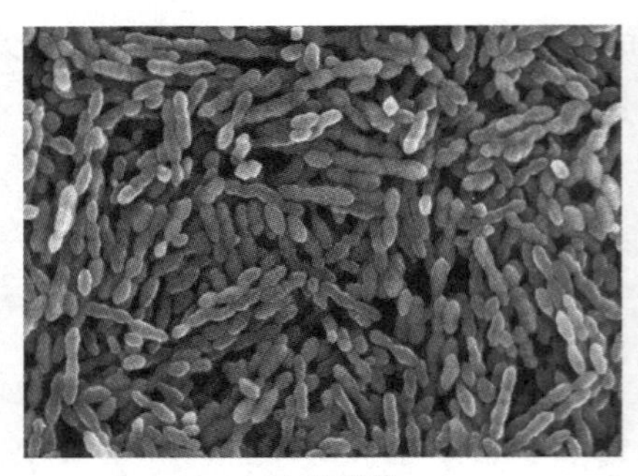

(a) 纳米棒

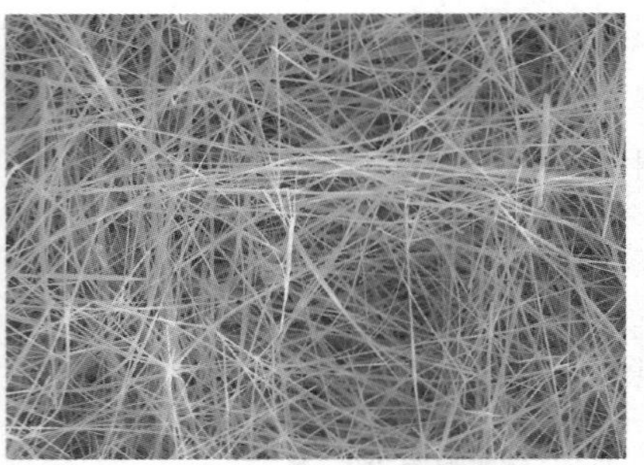

(b) 纳米线

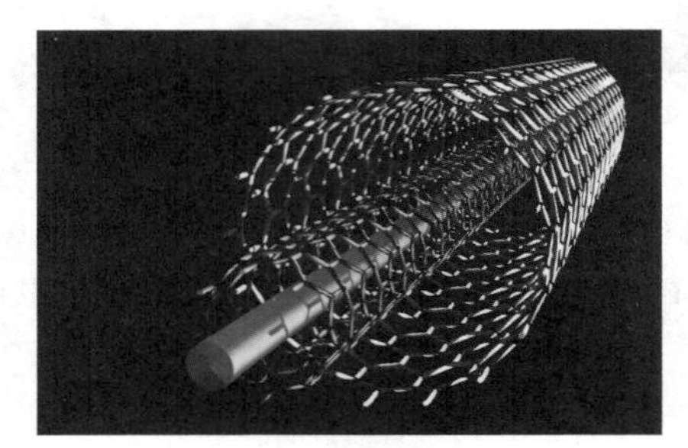

(c) 纳米管

图 1.5　不同形态的纳米微粒

(a) 纳米块状材料

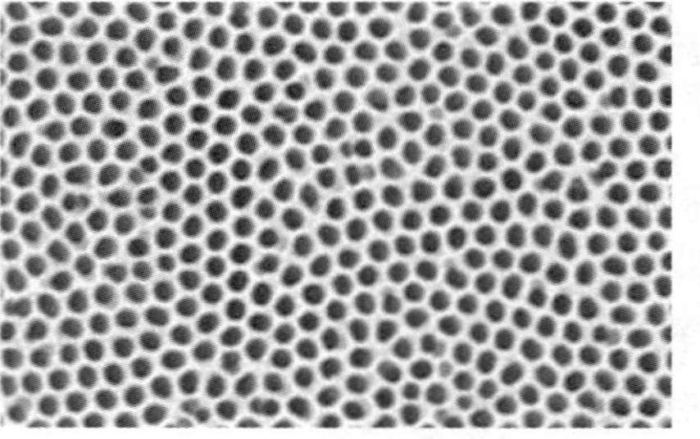

(b) 纳米薄膜材料

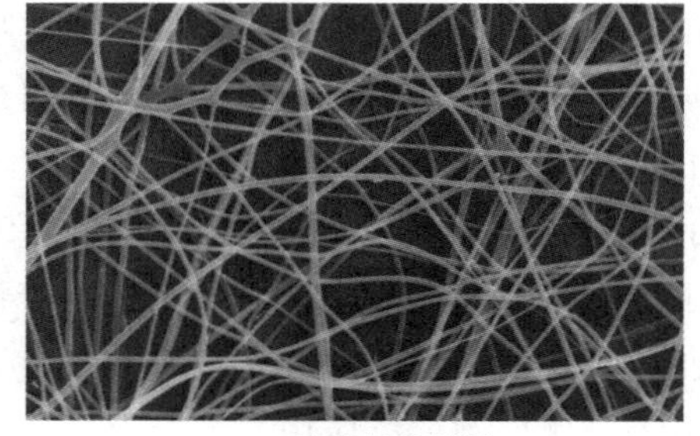

(c) 纳米纤维材料

图 1.6　不同形态的纳米固体

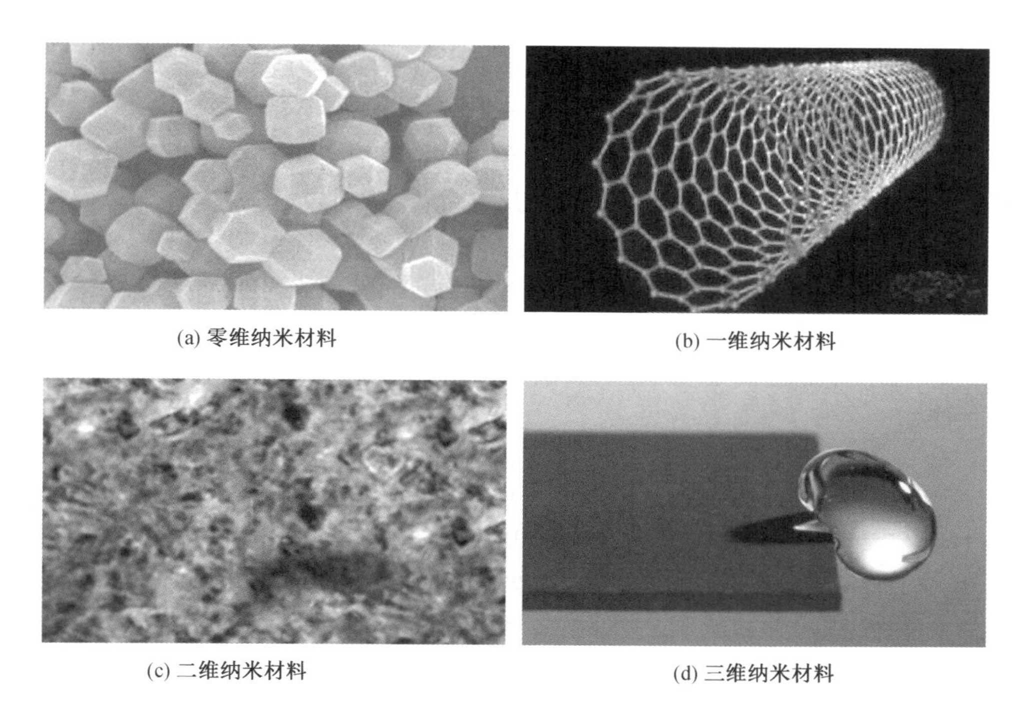

(a) 零维纳米材料　(b) 一维纳米材料

(c) 二维纳米材料　(d) 三维纳米材料

图 1.7　不同形态的纳米材料

众所周知,复合材料是指由两种或两种以上具有不同特性的材料组合而成的一种固体材料,而金属基纳米复合镀层是将特征维度尺度为纳米数量级(1~100 nm)的不溶性固体粒子(如 TiN、SiC、AlN、Al_2O_3 等)作为增强相粒子镶嵌于一种或多种基体金属中形成的纳米复合材料。纳米粒子具有多种基本效应,主要包括小尺寸效应、表面效应、宏观量子隧道效应和介电限域效应。上述效应使得纳米材料表现出一些优异的特殊性能(如导热性好、熔点低、磁性强、韧性好以及耐磨性好等)。AlN 是一种呈白色或灰白色的共价键化合物,也是一种典型的陶瓷绝缘体,因其具有热导率高(约 20 W/m · K)、热膨胀系数小(4.5×10^{-6}/℃)、电性能(介电常数、介质损耗、体电阻率)优良、硬度高、耐磨性能和耐腐蚀性能好等特点,已被广泛应用于电子、电气、机械、光学等领域。将 AlN 纳米粒子引入金属基纳米复合镀层中,可有效提高镀层的显微硬度、耐磨性能以及耐腐蚀性能等。为此,本书拟将一定浓度的 AlN 纳米粒子与金属镍晶粒复合,从而制备出性能优异的镍基 AlN 纳米复合镀层。

1.3.2 金属基纳米复合镀层的分类

随着科学技术的发展,现如今金属基纳米复合镀层的种类越来越多。依据增强相种类的不同,可将金属基纳米复合镀层分为以下几种类型。

(1)外加非连续纳米相增强型镀层

该类镀层是将纳米粒子弥散分布在金属基体中,从而形成外加非连续纳米相增强型镀层。目前,非连续纳米相粒子主要有 AlN、SiC、WC 等,这些纳米粒子能够在一定程度上提高金属基纳米复合镀层的显微硬度,并可有效改善复合镀层的综合性能。

(2)碳纳米管加强型镀层

碳纳米管作为一种新型纳米材料,主要由呈六边形排列的碳原子构成数层到数十层的同轴圆管,并且每层之间均保持固定距离。碳纳米管中的碳原子采取 sp^2 杂化,杂化时 s 轨道成分较多,使得其具有高模量和高强度特点,化学、力学、电学性能也非常优异。将碳纳米管复合到金属基纳米复合镀层中,制备出的碳纳米管加强型镀层具有优异的力学性能,且结构也非常稳定。

(3)原位合成纳米相增强型镀层

原位合成法的基本原理是利用不同元素和化合物之间的反应,在金属基体内生成纳米陶瓷粒子增强相,以增强金属基纳米复合镀层性能的新方法。该方法制得的金属基纳米复合镀层,结合强度较好,纳米陶瓷粒子在金属基体内分散也较均匀。目前,有关原位合成纳米相增强型镀层的研究集中在原位合成反应与原位增强相的形成机理等方面。

1.3.3 金属基纳米复合镀层的研究现状及应用

金属基纳米复合镀层是一种涂覆在基体表面的复合材料,经过近几十年的研究,其已在航空、航天、机械、化工、石油、军事等领域得到广泛应用。目前,金属基纳米复合镀层的研究尚处于探索阶段,相关专家学者所取得的研究成果主要集中在镍基、锌基和铜基纳米复合镀层等方面。金属基纳米复合镀层根据用途不同可分为耐磨减阻纳米复合镀层、耐腐蚀纳米复合镀层、耐高温纳米复合镀层和电催化纳米复合镀层等。

(1)耐磨减阻纳米复合镀层

此类复合镀层是在基体中加入硬度较高的陶瓷(如 SC、TiN、AlN 和 Al_2O_3 等)或金刚石等硬质纳米粒子以提高镀层的硬度和耐磨性。Benea 等在快速镍镀液中加入 SiC 纳米微粒(平均粒径为 20 nm)制得镍基 SiC 纳米复合镀层。Zimmerman 等采用脉冲电沉积方法获得了由镍(平均粒径为 10~20 nm)与 SiC 微粒(平均粒径为 200~400 nm)组成的纳米复合镀层,并发现镀层中较低含量的 SiC 微粒(小于 2 wt. %)能够改善材料的延展性,且使镀层有较强的耐磨性能。徐滨士等在快速镍镀液中加入添加剂和 n-Al_2O_3 纳米微粒制备出 n-Al_2O_3/Ni 纳米复合镀层。

(2)耐腐蚀纳米复合镀层

这类镀层在工业生产中已得到初步应用。例如,底层为镍封闭的纳米复合镀层($NiSiO_2$、Ni-$BaSO_4$ 和 Ni-高岭土等)能明显提高镀铬层的耐腐蚀性能。用纳米 TiO_2、SiO_2 或铝粉等锌基纳米复合镀层代替钢铁表面的普通锌镀层,能使其耐腐蚀性能提高 2~5 倍。日本的松林宗顺在瓦特镀液中添加平均粒径为 20~100 nm 的 Al_2O_3 纳米微粒,从而获得了耐蚀性和硬度都较好的纳米复合镀层。

(3)耐高温纳米复合镀层

将纳米陶瓷微粒应用在耐高温复合镀层中,能有效提高镀层的抗高温性能。黄新民等发现,纳米微粒的加入可显著改善镀层的微观组织,提高镀层的耐高温性能。朱立群等发现,加入 ZrO_2 纳米微粒的 Ni-W-B 非晶态复合镀层在 550~850 ℃时抗高温氧化性能得到了提高。

(4)电催化纳米复合镀层

随着信息产业的迅速发展,复合镀层在电子工业中的应用可以节约大量的贵金属材料。银的导电性能好,但硬度低、耐磨性差、抗电蚀能力差,以致电接触寿命较低。吴元康等使用纳米金刚石颗粒来增强银基镀层,有效地降低了银镀层的电磨损量,提高了电触头的使用寿命以及耐大电流强度的能力。Gay 等研制的 Ag-ZrO_2 纳米复合镀层可提高电接触材料的硬度、抗磨性以及耐蚀性。

通过将一些具有润滑作用、良好摩擦性能的纳米颗粒加入镀液涂覆体系中,使之与金属离子发生共沉积,从而可制备出具有一定特性的金属基纳米复合镀层。樊艳娥等在五水硫酸铜电镀液中添加碳纳米管粉体,采用共沉积方法在矿浆泵叶片表面制备出 Cu-镍基 CNT 复合镀层。研究发现,在五水硫酸铜电镀液中添加适宜质量分数的碳纳米管,可制备出摩擦系数低、性能稳定的矿浆泵叶片。王晋枝等将自润滑材料 WS_2/MoS_2 引入低温湿化学法中,制备出一种具有自润滑功能的金属基纳米复合镀层。该镀层能够使基体表面自行形成润滑膜,并可有效减小基体和对磨件间的摩擦力,为自润滑复合镀层的应用提供了一定理论基础。陈吉会等通过多弧离子镀膜技术,在铝板表面制备出具有减摩功能的 AlSn20 纳米镀层。研究表明,随着多弧离子镀膜时间的增加,AlSn20 纳米镀层的组织变得更加致密,但其表面粗糙度值却变大。

通常情况下,材料的耐磨性能与材料硬度成正比。通过将本身具有高硬度的纳米粒子(如 AlN、TiN、WC 等)与金属晶粒相结合,可以制备出显微硬度和耐磨性能优异的金属基纳米复合镀层。吴蒙华等采用不同的电沉积方式,制备出不同 TiN 粒子复合量的 TiN/Ni 纳米复合镀层。结果表明,超声-脉冲电沉积制得的纳米复合镀层具有优异的耐磨性能,其磨损量仅为普通镀层的 46%。马亚军等在对电刷镀镍基 Al_2O_3 纳米复合镀层的耐磨性能探究过程中发现,由于硬质 Al_2O_3 纳米粒子的弥散强化作用,使镍基 Al_2O_3 纳米复合镀层的耐磨性能进一步得到提高。而且,随着 Al_2O_3 纳米粒子添加量的增加,纳米复合镀层的硬度也随之增加。Xia 等利用脉冲电沉积技术制备了 Ni/TiN-SiC 纳米复合镀层。通过研究脉冲电沉积工艺参数发现,在脉冲电沉积电流密度为 4 A/cm^2 时,纳米复合镀层中的 TiN 与 SiC 纳米粒子尺寸最小。

将纳米粒子弥散在镀层中,使纳米镀层的微观结构发生改变,可促进纳米粒子和金属晶粒的共沉积,并能使纳米镀层的组织结构更为致密,从而提高了纳米镀层的耐腐蚀性能。项腾飞等研究了添加 SiO_2 纳米粒子对 Zn-镍基纳米镀层耐腐蚀性能的影响。结果表明,当添加 SiO_2 纳米粒子后,Zn-镍基 SiO_2 纳米镀层的结构更加致密,镀层中镍含量明显减少。此外,该 Zn-镍基 SiO_2 纳米镀层具有优异的耐腐蚀性能。Sadreddini 等将 SiO_2 和 Al_2O_3 两种纳米粒子同时添加在镍基 P 合金中,从而制备出镍基 P-SiO_2-Al_2O_3 纳米镀层。研究表明,在 SiO_2 与 Al_2O_3 两种纳米粒子的浓度比适宜条件下,镍基 P-SiO_2-Al_2O_3 纳米镀层的孔隙率较低,耐蚀性能较好。此外,李献会等分别采用电沉积以及超声组合电沉积的方式制备出镍基 Nd_2O_3 纳米镀层。通过纳米镀层的静态浸泡腐蚀实验可知,在超声组合电沉积过程中,超声空化效应能够促进镍基 Nd_2O_3 纳米镀层的晶粒细化,且该纳米镀层的腐蚀速率明显降低。杜鑫磊等通过电刷镀技术制备了镍基 W(D)/CeO_2 纳米镀层,利用热处理方法,研究了该镀层的耐高温氧化性能。研究表明,经高温热处理后,镍基 W(D)/CeO_2 纳米镀层的高温氧化增重量明显减少,且该镀层经高温热处理后,其显微硬度并无明显改变。Steyer 等采用气相沉积法,在钢材基体表面制备了 PVD 纳米镀层,该镀层可有效改善钢材基体的耐高温氧化性能。

此外,由于可将多种纳米粒子掺入纳米镀层,故某些纳米镀层还具有一些特殊的性能。例如,多孔结构的纳米镀层具有优良的导电性,该种镀层是电池电极的首选材料。于秀平对自熔性镍基合金和 TiH_2 的混合粉末进行了激光烧结处理,得到了具备多孔结构的纳米镀层,并将该镀层涂覆于电池阳极表面,从而制备出导电性能良好的电极材料。另外,某些纳米镀层还具有超疏水特性或光电特性。汪骥等将电沉积与电刷镀工艺相结合,在 Q235 钢材上制备出镍基 $n$$SiO_2$ 超疏水纳米镀层,该镀层具有双重粗糙度结构。结果发现,当电流密度为 30 A/dm^2、阳极转速为 6 m/min、沉积时间为 3 min 时,该纳米镀层表现出接触角为 159.96°的超疏水性能。李静文在锌镍镀层中引入 TiO_2 纳米粒子,并研究了 Zn-镍基 TiO_2 纳米镀层的电化学性能。结果表明,Zn-镍基 TiO_2 纳米复合镀层在紫外光的照射下会产生光生电流,且光生电流对纳米镀层具有一定的保护作用。

1.3.4 金属基纳米复合镀层的制备方法

金属基纳米复合镀层的制备方法主要包括复合电沉积法、复合化学沉积法和复合电刷镀法。

(1)复合电沉积法

复合电沉积是建立在电沉积技术基础上的一项表面处理技术,而利用复合电沉积法制备纳米复合镀层则是当代电沉积技术中最富活力的新领域之一。在这一方法中,通过在电解质溶液中引入一种或多种不溶性的微米级或纳米级固体颗粒(如 TiN、AlN、SiC、Al_2O_3 等),利用电沉积的方式,将这些固体颗粒均匀夹杂到金属镀层中,与金属离子同时沉积,最终形成复合镀层。利用这种方法制备的纳米复合镀层属于金属基复合材料,以基质金属为均匀连续相,以不溶性纳米粒子为分散相。复合电沉积法根据搅拌方式的不同可分为机械搅拌-电沉积法、空气搅拌-电沉积法、磁力搅拌-电沉积法以及超声-电沉积法等。目前,研究主要集中在机械搅拌-电沉积法、空气搅拌-电沉积法以及磁力搅拌-电沉积法等方面,而相对较少采用超声-电沉积法来制备纳米复合镀层。

(2)复合化学沉积法

复合化学沉积法是一种通过化学沉积的方式实现不溶性固体微粒与金属共同沉积,从而获得具有高硬度及卓越耐磨、耐热和耐腐蚀特性的纳米复合镀层的方法。在该方法中,由于化学镀液中同时含有氧化剂和还原剂,因此在制备复合镀层时无须外部电流的辅助。此外,所加入的纳米粒子一般为金属氧化物,其催化活性较低,具备良好的化学稳定性,因此在复合化学沉积过程中不会参与化学反应,而

是与化学反应生成物共同沉积在基体表面。由于化学沉积对粒子具有较强的复合能力,采用复合化学沉积法能够得到具有相当高粒子复合量的复合镀层。然而,由该法制备的镀层存在较大的脆性,容易出现微裂纹,因此在一定程度上制约了其广泛应用。

(3)复合电刷镀法

复合电刷镀法是一种在金属镀液中引入不溶性固体微粒的工艺,通过使这些固体微粒与金属镀液中的金属离子共同沉积,并在金属镀层中均匀分散,形成弥散镀层。虽然复合电刷镀法的沉积原理与复合电沉积法相似,但该方法不需要电沉积槽。该方法通过有包套的阳极(镀笔)吸取电解液,并与零件(阴极)接触运动,使电解液在阳极与零件之间进行电化学反应,使电解液中的固体微粒与金属离子共同沉积在零件表面,从而形成复合镀层。复合电刷镀法的沉积速率相对较高,沉积层的厚度能够被有效控制,而且沉积层的结合力良好,因此在机械、电子、化工、石油等领域得到了广泛应用。然而,采用复合电刷镀法制备纳米复合镀层时,可能会出现镀层中固体微粒和金属晶粒粒径较粗大、复合量较低的情况。

1.3.5 金属基纳米复合镀层的沉积机理

随着对复合电沉积制备金属基纳米复合镀层研究的不断深入和实践经验的逐步积累,相关专家学者先后提出了吸附机理、力学机理和电化学机理解释这一作用过程。

(1)吸附机理

吸附机理认为微粒与金属共沉积必须通过微粒在阴极上的吸附才能发生,而吸附是由于微粒与阴极表面之间范德华力的作用。一旦微粒吸附在阴极表面,微粒便被生长的金属嵌入,从而结合形成金属基纳米复合镀层。

(2)力学机理

力学机理认为微粒携带的电荷与金属共沉积的作用意义不大,微粒只是通过简单的力学过程被裹覆,复合共沉积过程依赖于流体动力因素和金属沉积速率。微粒被运动的流体传递到阴极表面,一旦接触阴极,便靠外力停留其上,在停留时间内被生长的金属俘获。根据搅拌的强弱,微粒撞击电极表面的频率高低不同,搅拌强度大小不同,停留时间长短也不同。因此,在搅拌作用下,镀液运动对复合电沉积有两方面影响:一是随着搅拌强度的增大,微粒与电极间的碰撞频率提高,微粒被金属俘获的概率也随之加大;二是液流对电极的冲击作用,使电极表面的微粒脱离电极而重新进入镀液中。因此,镀液流速对复合镀层中微粒复合量的影响比较复杂。

(3)电化学机理

在没有搅拌的情况下,根据式(1.1)可计算出微粒的电泳速度。因该数值比电结晶速度高出数百倍,所以如果微粒的表面带有足够的电荷,将有利于金属共沉积过程。这种把电极与溶液界面间场强和微粒表面所带电荷作为复合电沉积关键因素的观点,被认为是电化学机理。

$$\nu_e = \frac{\varepsilon_r \varepsilon_0 E \xi}{\mu_s} \tag{1.1}$$

式中 ν_e ——电泳速度;

ε_r ——介质的相对介电系数;

ε_0——真空电容率;

E ——电场强度;

ξ —— Zeta 电位;

μ_s ——介质的黏度。

以上三种理论,重要性不分伯仲,但针对某些体系或实验现象,其中某种理论能给予较好的解释。例如,利用力学机理可以解释粒子微观分散能力对复合电沉积的影响。另外,搅拌因素对复合电沉积的影响,也可以用力学机理来分析。对于pH和温度等因素对复合电沉积的影响,用电化学机理可以给出合理解释:微粒在不同电解液中,对不同金属离子的吸附能力不同,造成表面电荷密度不同,由此引起微粒共沉积的能力也不同。pH不同,微粒对氢离子的吸附能力不同,pH越低,微粒表面吸附氢离子越多,当微粒到达电极表面并部分进入紧密层后,氢离子脱附还原,对微粒-电极键的形成产生阻碍作用,从而出现微粒“漂浮”现象,降低了微粒共沉积的速率;对于温度的影响,电化学机理认为其相关作用是不同温度导致微粒表面荷电状态不同所引起的。

为了确定复合电沉积过程属于哪种机理控制,可根据电流密度的影响做初步的判断。如果在较小的电流密度区域内,可以忽略电流效率变化的影响,则金属沉积量随着电流密度 i 的增加而增加。在液流作用下,碰撞到阴极表面的微粒并不能全部被电沉积的金属俘获而进入镀层,只能嵌合其中一部分,其余的微粒又被液流冲刷回溶液中。镀层中微粒含量可由式(1.2)求解。

$$\alpha = \frac{KP}{i} \tag{1.2}$$

式中 α ——镀层中微粒含量;

K——比例常数；

P——碰撞到阴极上并被金属俘获的微粒在其总量中所占的比重；

i——电流密度。

如果复合电沉积只受流体动力学因素的影响，则 P 与 i 关联度不大。如果该过程属于电化学机理作用过程，则 i 的增大，将使界面场强增大，提高微粒的传递速率，从而导致微粒在单位时间内与阴极冲击频率增大，这样 P 将随着 i 有明显的变化。因此，可以用 P 的相对变化率 f 来区别两种机理，如式(1.3)所示。

$$f = \frac{P_1}{P_2} = \frac{\alpha_1 i_1}{\alpha_2 i_2} \tag{1.3}$$

式中 P_1——在电流密度为 i_1 条件下的 P；

P_2——在电流密度为 i_2 条件下的 P；

α_1——在电流密度为 i_1 条件下的 α；

α_2——在电流密度为 i_2 条件下的 α。

如果力学机理为主要作用机制，则 $f \approx 1$；如果电化学机理为主要作用机制，一般认为 $f<1$。有学者曾利用上述判据解释了电流密度对在硫酸盐镀铜体系中复合电沉积的影响。另有学者认为，在高电流密度区，复合电沉积过程为力学机理，P 不随 i 变化，$f \approx 1$；在低电流密度区，由于微粒上吸附的金属离子还原需要更多的能量，脱离比较困难，出现“漂浮”现象，因而使得这一区域的 P 较小，而且随着 i 增加以更高的幅度增加，直至“漂浮”现象完全消失，最终达到高电流密度区的 P。这样就解释了在低电流密度区，α 随 i 增加而增加，在高电流密度区，α 随 i 增加而下降的现象。

1.4 表面涂覆技术概述

表面工程研究的目标是在低成本情况下，对材料表面进行改性处理，从而增强材料的性能或增加一些本身不具备的功能。表面涂覆技术是表面工程的一种，其原理是通过一定技术将涂层涂覆到基体材料表面，从而改善基体材料的耐磨性、耐腐蚀性以及耐高温氧化性。近年来，表面涂覆技术已广泛应用于工业生产中。目前，表面涂覆技术主要包括热喷涂、冷喷涂、激光熔覆(laser cladding)、化学气相沉积、物理气相沉积、电火花表面涂覆和电化学沉积等。

1.4.1 热喷涂

图1.8为热喷涂技术的原理示意图。其原理是利用热源将被喷涂材料加热到熔化或半熔化状态，利用高速气流将被喷涂材料雾化并喷射到基体表面，从而形成一定结构和厚度的涂层。虽然热喷涂方法有很多，但是喷涂过程和涂层形成过程基本相同。

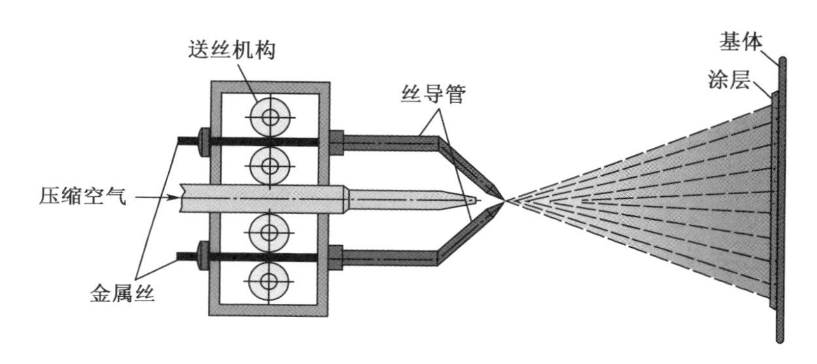

图1.8 热喷涂技术的原理示意图

(1)喷涂过程

喷涂材料从进入热源到形成涂层依次经历喷涂材料的熔化、熔化或半熔化状态的喷涂材料发生雾化、粒子的飞行和粒子的喷涂四个阶段。

(2)涂层形成过程

粒子在强烈撞击基材表面及经碰撞已形成的涂层瞬间，把动能转化为热能后传递给基材，同时粒子凸凹不平的基材表面发生变形而形成扁平状粒子，并迅速凝固成涂层。喷涂时，细小的粒子不断飞至基材表面，产生碰撞—变形—冷凝的过程，变形粒子与基材之间及粒子与粒子之间相互交叠在一起，形成涂层。

热喷涂的热源一般为气体燃烧热源、气体放电热源、电热热源、爆炸热源和激光热源等，采用这些热源加热熔化不同形态的喷涂材料，构成不同的热喷涂方法。喷涂材料与基体的选择类型较多。

由热喷涂原理可知，热喷涂技术具有适用范围广、工艺灵活、涂层厚度可控、工件应力变形小、生产效率高等优点，已获得广泛应用，发展迅速。然而，热喷涂技术也存在一些缺点，如设备成本高、热效率低、操作环境较差、材料浪费严重、涂层与基体结合强度较低等。

（1）适用范围广

涂层材料可以是金属、非金属或复合材料。被喷涂工件也可以是金属和非金属材料。用复合粉末喷成的复合涂层可以把金属、塑料或陶瓷结合在一起，获得良好的综合性能，而其他方法难以实现。

（2）工艺灵活

喷涂施工对象可小到10 mm内孔，也可大到铁塔、桥梁等大型结构。喷涂既可在整体表面上进行，也可在指定区域内涂覆，既可在真空或控制气氛中喷涂活性材料，也可在野外现场作业。

（3）涂层厚度可控

涂层厚度可从几十微米到几毫米，表面光滑，加工量少。用特细粉末喷涂时，不加研磨即可使用。

（4）工件应力变形小

除喷熔以外，热喷涂是一种受热影响较小的工艺。例如，氧乙炔焰喷涂、等离子喷涂或爆炸喷涂，工件受热程度均不超过250 ℃；钢铁件等一般不会发生畸变，不改变其金相组织。

（5）生产效率高

大多数工艺方法的生产效率可达每小时喷涂数千克喷涂材料，有些工艺方法可高达50 kg/h以上。

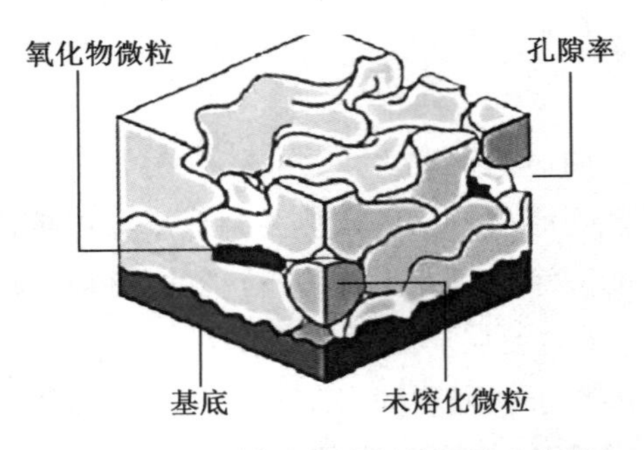

图1.9　热喷涂生成涂层的结构示意图

图1.9为热喷涂生成涂层的结构示意图。热喷涂涂层是由无数变形粒子相互交错、波浪式堆叠在一起形成的层状结构薄膜材料。因涂层与基体主要以机械碰撞为主的结合方式，所以热喷涂涂层的组成主要包括原材料、氧化物微粒、未熔化微粒。通常情况下，在热喷涂涂层内部存在一些较大的空隙。

热喷涂技术可以提高基体表面的耐磨性、耐腐蚀性、抗氧化性、隔热性等性能，因此在制造业、能源工业、航空航天、石油化工等领域具有广泛的应用前景。

（1）耐磨性涂层

在制造业中，耐磨性是涂层的重要性能之一。通过热喷涂技术，可以在零件表面形成一层具有高耐磨性的涂层，提高零件的使用寿命和可靠性。例如，在模具、齿轮等零件表面喷涂耐磨性涂层，可以显著提高其耐磨性能。

(2)耐腐蚀性涂层

在能源工业和石油化工领域,耐腐蚀性是涂层的重要性能之一。通过热喷涂技术,可以在设备表面形成一层具有高耐腐蚀性的涂层,提高设备的使用寿命和安全性。例如,在硫酸生产设备、海水淡化设备等表面喷涂耐腐蚀性涂层,可以显著提高其耐腐蚀性能。

(3)抗氧化性涂层

在航空航天领域,抗氧化性是涂层的重要性能之一。利用热喷涂技术,可以在高温环境下形成一层具有高抗氧化性的涂层,提高航空器的安全性和可靠性。例如,在航空发动机的涡轮叶片、燃烧室等部件表面喷涂抗氧化性涂层,可以提高航空发动机的高温性能和使用寿命。

(4)隔热性涂层

在能源工业和航空航天领域,隔热性是涂层的重要性能之一。通过热喷涂技术,可以在设备或部件表面形成一层具有高隔热性的涂层,提高设备的效率和安全性。例如,在太阳能电池板、火箭发动机等部件表面喷涂隔热性涂层,可以提高其效率和可靠性。

1.4.2　冷喷涂

图1.10为冷喷涂技术的原理示意图。其原理如下:气体加压装置使气体(氦气或氮气等)成为高压气体;加热器有两套,分别为载体加热器和气体加热器,把载气和工作气加热到一定的温度;载气在载体加热器受热后,经加粉器成轴向将粉末送入喷枪;另一路的工作气在气体加热器预热到100~600 ℃,以加大粉末颗粒的流速,进入喷枪;喷枪后部是腔膛,送入的粉末与进入的工作气相混合,经喉管进入喷嘴,该喷嘴专门设计为收敛-扩展型拉乌尔(Laval)喷嘴,以使气体得到加速;工作气从喷嘴进口处15~3.5 MPa的压力膨胀到常压,造成一种超音速气流,随喷嘴结构和大小、工作气类别、进气压力与温度、粉末颗粒大小和密度等因素的不同,颗粒速度有所不同,一般为500~1 000 m/s,与基材撞击产生变形,并牢固附着在基材上,形成涂层。

由冷喷涂基本原理可知,冷喷涂技术具有喷涂温度较低、喷涂能量来源特殊、涂层性能好等特点。

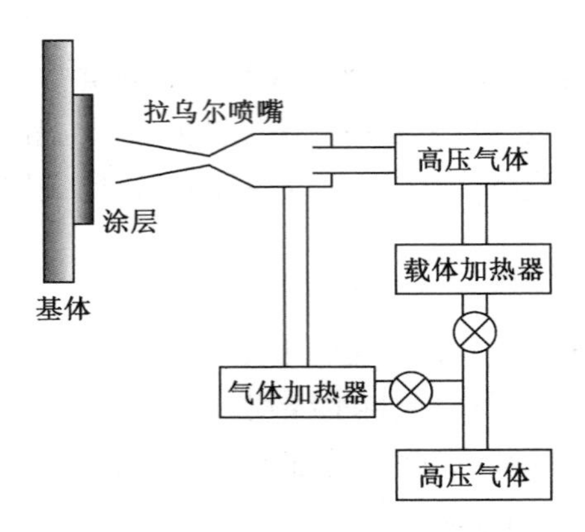

图 1.10 冷喷涂技术的原理示意图

(1)喷涂温度较低

与传统的热喷涂有显著的区别,冷喷涂无须熔化金属粒子,降低了设备和涂层的热应力、热变形,涂层厚度可达数毫米或更多。

(2)喷涂能量来源特殊

传统的喷涂方式为热喷涂。例如,火焰喷涂的能量来源是氧乙炔火焰;等离子体电弧喷涂的能量来源是等离子体喷枪;电弧喷涂的能量来源是电弧;爆炸喷涂的能量来源是爆炸气体喷枪(火花点燃);超音速火焰喷涂的能量来源是燃料、氧气、氢气及燃烧室。冷喷涂的能量来源与它们不同,来自压缩气体和加热单元,在设备、工艺和控制上具有自身的特点。

(3)涂层性能好

冷喷涂涂层的气孔率很低,基材与涂层的热负荷小,材料氧化少,结晶化较为均匀。冷喷涂涂层的突出特点是致密和含氧量低,有利于喷铜、钛等材料。

冷喷涂技术是一种相对较新的涂层技术,主要用于制备金属、陶瓷、塑料等材料的涂层。与传统的热喷涂技术相比,冷喷涂技术具有较低的温度和压力,因此可以避免对基体材料的热损伤和氧化。此外,冷喷涂技术还具有较高的生产效率和经济性,因此在工业和科研领域得到了广泛的应用。

(1)制备金属涂层

冷喷涂技术可用于制备纯金属、合金、金属陶瓷等金属涂层。这些涂层可以应用于航空航天、石油化工、制造业等领域,以提高金属材料的耐磨性能、耐腐蚀性能和耐高温性能。

(2)制备陶瓷涂层

冷喷涂技术也可用于制备陶瓷涂层,如氧化铝、氧化锆、碳化硅等。这些涂层可以应用于航空航天、汽车制造、生物医学等领域,以提高材料的硬度和耐磨性。

(3)制备功能涂层

冷喷涂技术还可以制备一些具有特殊功能的涂层,如透明导电膜、光催化涂层等。这些涂层可以应用于太阳能电池、环保等领域,具有较好的导电性能和光催化性能。

(4)制备复合涂层

冷喷涂技术还可以制备复合涂层,如金属陶瓷/金属复合涂层、金属/塑料复合涂层等。这些涂层可以应用于制造业、航空航天等领域,具有较好的耐磨性能和耐腐蚀性能。

1.4.3 激光熔覆

激光熔覆也称激光包覆或激光熔敷,是一种先进的表面改性技术。图1.11为激光熔覆技术的原理示意图。其原理是利用高能激光束照射被熔化材料,使之快速熔化,并在基体表面扩散和凝固,进而形成一种新的具有特殊物理、化学或力学性能的固体薄膜。激光熔覆是一种复杂的物理、化学冶金过程,涉及物理、冶金、材料科学等多个领域,该技术能够有效提高工件表面的耐蚀、耐磨、耐热等性能,与其他表面涂覆技术相比,激光熔覆技术具有下述优点:

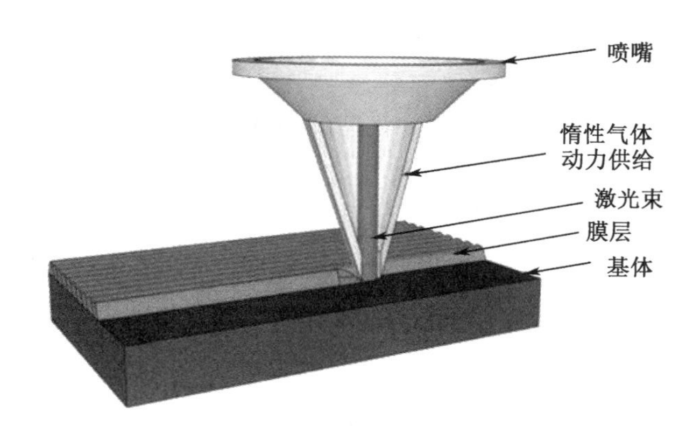

图1.11 激光熔覆技术的原理示意图

(1)熔覆层的晶粒细小;

(2)熔覆层稀释率很低;

(3)熔覆层与基体结合力大;

(4)激光熔覆热影响区小。

然而,激光熔覆技术也存在一些明显缺点。如激光熔覆设备昂贵;设备维修困难;熔覆镀层内部存在较大内应力,使其极易开裂等。

目前,激光熔覆技术因其无污染且制备出的涂层与基材呈冶金结合状态等优点已成为当代材料表面改性的研究热点。例如,采用激光熔覆陶瓷涂层或陶瓷颗粒增强复合材料涂层是提高金属基纳米镀层表面抗腐、耐磨的有效途径之一。激光熔覆技术的适用范围和应用领域非常广泛,在零部件工业制造、工业修复、材料表面强化及改性、工业热障涂层、汽车制造、生物医学、石油工业等领域得到一定应用。在激光熔覆过程中,经常选用的熔覆材料和增强相粒子很多,常见基体材料和熔覆材料及使用性能见表 1.1。

表 1.1　常见基体材料和熔覆材料及使用性能

基体材料	熔覆材料	使用性能
碳钢、不锈钢、合金钢、铸铁、铝合金、铜合金、镍基合金、钛基合金等	纯金属及合金,如 Cr、Ni 及 Fe、Ni、Co 等基合金	提高零件的耐磨性和耐腐蚀性
	氧化陶瓷,如 Al_2O_3、ZrO_2、SiO_2、Y_2O_3 等	提高零件的耐高温和抗氧化性
	金属、类金属与 C、N、B、Si 等元素合成的化合物,如 WC、TiC、SiC、TiN 等	提高零件的硬度、耐磨性和耐腐蚀性

1.4.4　化学气相沉积

化学气相沉积(chemical vapour deposition,CVD)是一种高纯度、高性能固态材料的制造技术,该技术利用气态化合物或单质在衬底表面进行化学反应,生成固态沉积物。在化学气相沉积过程中,通常将反应剂以气态形式引入反应室,这些反应剂可以包含构成薄膜的所有元素。随后,这些气体在衬底表面发生化学反应,形成所需的薄膜。

图1.12为化学气相沉积技术的原理示意图。其基本原理如下:在700~1 000 ℃高温作用下,混合气体与基体表面间相互作用,气相化合物分解并在基体上形成固态薄膜。其中,气相沉积的粒子来源于特定化合物气相分解作用。化学气相沉积的反应过程如下:气体向基体表面扩散,气体分子吸附于基体表面,在基体上发生化学反应、表面移动、成核以及膜生长。最后,形成一定厚度和结构的固态薄膜。

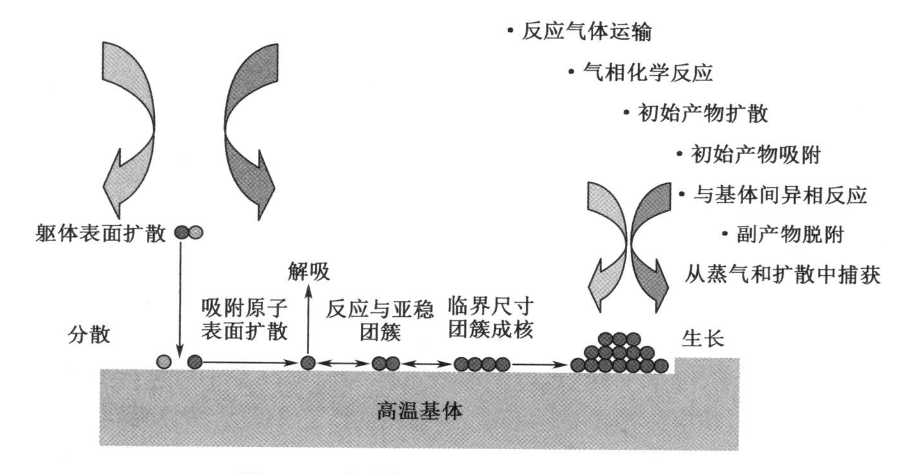

图1.12 化学气相沉积技术的原理示意图

CVD技术的主要优势在于其能够生成高纯度、致密性好、结晶完美的薄膜材料。由于其卓越的性能,已成功应用于众多领域。

(1)高纯度材料的制备

CVD技术是制备高纯度金属、非金属和化合物材料的理想选择。例如,在制备硅、锗等半导体材料时,CVD技术能够确保材料的高纯度与均匀性,为电子器件的制造提供优质的原料。此外,对于化合物半导体的制备,如氮化镓和碳化硅等,CVD技术也展现出优异的性能,被广泛应用于光电器件和电力电子器件等领域。

(2)表面防护与装饰

CVD技术也可用于表面防护和装饰领域。通过形成硬质涂层和耐磨涂层,CVD技术能够显著提高产品的耐久性和美观度。例如,在汽车制造业中,CVD技术用于制备耐腐蚀和耐磨损的涂层,从而提高汽车零部件的使用寿命和外观质量。

(3)光学仪器制造

在光学仪器制造领域,CVD技术发挥着至关重要的作用。透镜、棱镜等光学元件的表面需要极高的平滑度和精确的几何形状。CVD 技术能够通过在基材表面形成高质量的薄膜,实现光学元件的性能优化。例如,在制造高精度透镜时,CVD 技术能够制备出具有优异光学性能的薄膜,从而提高透镜的成像质量。

(4)太阳能电池制造

CVD 技术在太阳能电池制造领域也具有广泛应用。随着可再生能源需求的日益增长,光伏产业得到快速发展。CVD 技术在这一领域中发挥了关键作用,如用于制备 CIGS 薄膜太阳能电池。通过 CVD 技术在铜、铟、镓和硒等元素之间形成化合物薄膜,从而实现高效的光电转换性能。这种制备方法不仅提高了电池的光吸收能力和载流子收集效率,同时也优化了电池的稳定性与可靠性。

(5)LED 照明

在 LED 照明领域,CVD 技术是实现高效率芯片制备的关键手段。LED 照明作为节能环保的照明方式,具有高效、长寿命和色彩丰富的特点。CVD 技术能够通过在芯片表面形成高效的多结叠层结构,提高 LED 的光提取效率和发光亮度。同时,CVD 技术还可以实现不同波长和颜色的 LED 芯片制备,满足多样化的照明需求。

作为一种具有广泛应用和卓越性能的技术,CVD 技术凭借其高度的精密性和可控性,在材料科学、电子工程、光学仪器制造等领域发挥着不可或缺的作用。随着科技的不断进步和应用需求的多样化,CVD 技术将继续发挥其独特的优势,为未来的科研和工业生产提供强有力的支持。但是,目前,化学气相沉积技术对工艺条件要求较多,需要很高的沉积温度才能获得足够高的蒸气压,大多材料无法承受这种高温,致使化学气相沉积的应用范围受到一定限制。此外,化学气相沉积产生的副产物并不能保证完全脱离,故固态膜层中会生成较多的杂质,这也限制了化学气相沉积技术进一步应用。

1.4.5 物理气相沉积

物理气相沉积(physical vapour deposition,PVD)是主要的表面处理技术之一。物理气相沉积技术的原理如图 1.13 所示。其基本原理如下:在真空条件下,利用热蒸发、辉光放电、弧光放电等物理过程,将固体或液体材料转化成气态原子或分子,从而为气态粒子的转移提供一定的能量。然后,气态粒子以低压气态方式在基底表面沉积,从而获得一定厚度的薄膜。

通常情况下,依据能量输入方式的不同,PVD 有真空蒸镀、溅射镀膜以及离子镀三种沉积方法,这三种物理气相沉积方法比较见表 1.2。

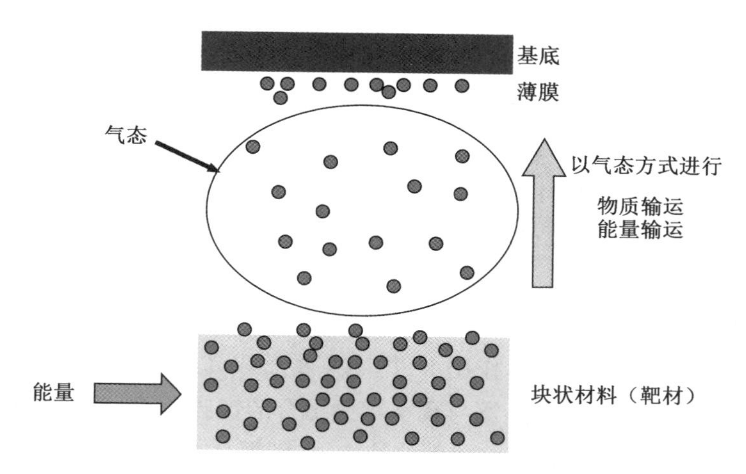

图1.13 物理气相沉积技术的原理示意图

表1.2 物理气相沉积方法比较

分类		真空蒸镀	溅射镀膜	离子镀
沉积粒子能量	中性原子	0.1~1 eV	1~10 eV	0.1~1 eV
	入射离子			数百至数千电子伏特
沉积速率/($\mu m \cdot min^{-1}$)		0.1~5	0.01~0.5	1~50
膜层特点	密度	低温时,膜层的密度较小,但表面平滑	密度较大	密度较大
	气孔	低温时,气孔较多	气孔少,但混入溅射气体较多	无气孔,但膜层缺陷较多

(1)真空蒸镀

真空蒸镀是将工件放入真空室,并且用一定的方法加热,使镀膜材料(简称膜料)蒸发或升华,沉积于工件表面凝聚成膜。蒸镀薄膜在真空环境中形成,可防止工件和薄膜本身的污染和氧化,便于得到洁净致密的膜层,并且不对环境造成污染。真空蒸镀可镀制各种金属、合金和化合物薄膜(如真空蒸镀铝膜制镜、真空蒸镀光反射体、塑料表面金属化等),该技术广泛应用于众多的科技和工业领域。

(2)溅射镀膜

用几十电子伏或更高动能的高能粒子轰击材料表面,使表面原子获得足够的能量而溅出进入气相,这种溅出的、复杂的粒子散射过程称为溅射。它可以用于刻蚀、成分分析(二次离子质谱)以及镀膜等。由于溅射出的原子具有一定的能量,因而可以重新凝聚在另一固体表面形成薄膜,这称为真空溅射镀膜。溅射镀膜技术经过不断改进和完善,凭其操作简单、工艺重复性好、镀膜种类多样、膜层质量好以及容易实现精确控制和自动化生产等优点,广泛应用于各类薄膜的制备和工业生产,并且成为许多高新技术产业的核心技术。

(3)离子镀

离子镀是在真空条件下,利用气体放电使气体或被蒸发物质部分离子化,在气体离子或被蒸发物质离子轰击作用下,把蒸发物质或其反应物质沉积在基底上的工艺方法。它是一种将真空蒸发与真空溅射结合的镀膜技术,兼具蒸发镀的沉积速度快和溅射镀的离子轰击清洁表面的特点,特别是具有膜层附着力好、膜层组织致密、绕射性能优良、沉积速度快以及可镀基材广泛等优点,因而获得了非常广泛的应用。

由于物理气相沉积是在真空状态下进行的,故具有无污染、耗材少、成膜均匀致密、与基体结合力强等优点。然而,物理气相沉积所需的设备体积较大,成膜所需的反应源材料选择性单一,大大限制了物理气相沉积在制备固体薄膜方面的应用。

1.4.6 电火花表面涂覆

电火花表面涂覆技术是在电火花加工技术(electrical discharge machining, EDM)和电火花沉积技术(electro-spark deposition, ESD)的基础上发展起来的,是利用浸在工作液中的两极间脉冲放电时产生的电蚀作用蚀除导电材料的特种加工方法。通过分析国内外学者的研究成果发现,利用电火花表面涂覆技术在金属材料表面制备涂层使表面的硬度、耐磨性以及耐腐蚀性得到了较大提高,电火花表面涂覆技术能够起到一定的材料保护作用。目前,电火花表面涂覆技术在金属材料减阻耐磨、耐腐蚀等工业领域得到广泛应用。

图 1.14 为电火花表面涂覆技术的原理示意图。电火花放电过程是在极短时间内完成的,该过程可分为如下四个阶段:

(1)图 1.14(a)为第一阶段,电极逐渐向工件靠近,当电极与工件间距达到某一数值时,形成放电条件,带正电荷的电极与带负电荷的工件形成回路,电极与工件接触时发生短路,产生电火花放电。

(2)图 1.14(b)为第二阶段,电极进一步向工件靠近,当电极与工件微接触时,电极与工件形成通路,在微小接触区域内产生高密度电流击穿介质而放电,放电所产生的能量使电极与工件表面基体材料接触局部熔化、气化或离子化,形成局部熔池。

(3)图 1.14(c)为第三阶段,电极短暂停留在工件表面,熔化的电极材料向基体转移,熔池扩大,火花放电能量以及电极高速旋转动能使一部分熔融金属以飞溅形式损失,多数熔融金属在热作用力和重力作用下向基体过渡、扩散并与基体融合在沉积点处形成新合金。该阶段时间很短,扩散层很浅,但电极与工件表面基体材料在物理和化学共同作用下产生的新合金材料体现出了电火花表面涂覆的重要价值。

(4)图 1.14(d)为第四阶段,电极逐渐远离工件,电极与基体间距增大,直到放电条件断开,放电回路断开,电容回归到充电状态,完成一次表面沉积。电极往复移动不断重复以上过程,最终在基体表面形成致密的沉积层。

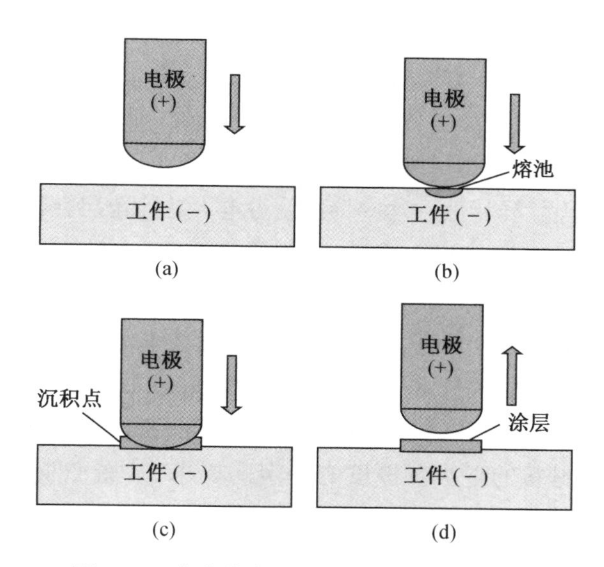

图 1.14　电火花表面涂覆技术的原理示意图

电火花表面涂覆技术所制备的涂层以其优异的综合性能在诸多行业得到广泛应用。该技术在发展过程中,不断与其他表面涂覆技术相结合,以提高涂层加工质量。电火花涂覆层的特性主要有以下几个方面:

(1)电火花涂覆层具有极高的硬度和良好的耐磨性。由于涂层中的电火花能量使得金属原子在基体表面高度聚集,形成一种类似冶金结合的涂层,因此其硬度极高,通常可达到 70 HRC 以上。这种高硬度使得涂层具有极佳的耐磨性,可以有效地抵抗各种物理和化学的侵蚀,特别适用于需要承受高强度摩擦和磨损的工况。

(2)电火花涂覆层具有良好的抗腐蚀性。由于涂层与基体材料之间形成了冶金结合,其结合力非常强,可以有效地阻止腐蚀介质进入基体材料,从而保护基体不受腐蚀。此外,涂层本身也具有很好的抗腐蚀性能,能够抵抗酸碱盐等化学物质的侵蚀,从而延长设备的使用寿命。

(3)电火花涂覆层具有良好的红硬性。红硬性是指涂层在高温下保持其硬度和耐磨性的能力。由于电火花涂层的特殊制备工艺,其内部组织结构致密,不易发生氧化和扩散,因此可以在较高的温度下保持其硬度和耐磨性。这一特性使得电火花涂层在高温环境下具有广泛的应用前景。

(4)电火花涂覆层具有局部强化的特点。由于电火花涂层的制备是利用电火花沉积技术将金属原子一层一层地沉积在基体表面,因此可以对模具和大型机械零部件的特定部位进行局部强化处理。通过调整涂层的厚度和成分,可以在不同部位获得不同的性能,从而实现对零部件的整体优化。这一特性使得电火花涂层在提高产品质量和生产效率方面具有很大的潜力。

综上所述,电火花表面涂覆技术既可以作为基体工件的表面强化手段,也可以制备功能各异的复合涂层,是一种高性能表面处理技术,具有高硬度、高耐磨性、高抗腐蚀性和红硬性等优异特性。这些特性使得电火花涂覆层在许多领域中得到了广泛的应用,如电机、电器、刀具/模具、石油化工、核反应堆、木材/纸业、轧钢等。它可以用于提高各种零部件的耐磨性、耐腐蚀性和耐热性等,延长其使用寿命,提高其生产效率和产品质量。因此,电火花表面涂覆技术是一种具有重要应用价值和良好发展前景的表面处理技术。但是,根据电火花表面涂覆技术的原理可知,涂层的厚度和成分可能不均匀,这可能会导致涂层表面质量较差;同时,电火花表面涂覆技术对于基体材料的种类和厚度有一定的要求,其加工能耗和成本也较高。因此,在使用电火花表面涂覆技术进行表面加工时,需要考虑以上问题,采取相应的措施来避免或减少它们带来的影响。未来,需要进一步改进涂层制备工艺、选择合适的基体材料来提高涂层的附着力和质量,降低能耗和成本。

1.4.7 电化学沉积

电化学沉积是一种适用于制备纳米材料的表面涂覆技术,其沉积技术的原理如图 1.15 所示。以电沉积锌为例,在脉冲电镀电源的电场力作用下,金属阳极锌板发生氧化反应，从而在镀液中形成大量的 Zn^{2+}。然后，镀液中的 Zn^{2+} 向阴极表面运动，从而在阴极表面得到电子，实现锌原子在阴极表面的沉积。与其他涂覆技术相对比，电化学沉积具有以下优势：

（1）电化学沉积装置的结构简单，设备价格低廉；

（2）电化学沉积过程相对稳定和高效；

（3）电化学沉积技术不需要特殊工况环境，它具有操作简单、生产效率高以及安全可靠等特点；

（4）电化学沉积技术适用于结构复杂表面的加工，尤其适合在表面制备具有一定功能的镀层；

（5）电化学沉积技术还适用于制备金属基纳米镀层，并可沉积出晶粒尺寸细小的镀层。因此，本书拟利用电化学沉积技术，在金属材料表面制备镍基 AlN 纳米仿生镀层。

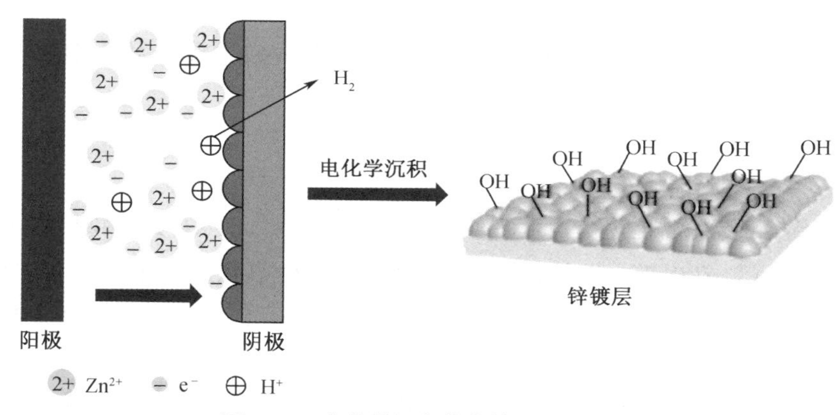

图 1.15　电化学沉积技术的原理示意图

目前，电化学沉积技术在工业、印刷、金属冶炼、污水处理等方面已有广泛的应用。例如，电化学沉积可用于制备防护性镀层、装饰性镀层、功能性镀层、印刷电路板涂层、电冶金涂层、电精炼涂层以及转化膜等。如今，电化学沉积技术在含重金属污水处理领域得到广泛应用，从而使得电化学沉积技术对人们的日常生活也产生一定影响。然而，在电化学沉积过程中，施镀时间、电沉积温度、电流密度、镀液成分、增强相粒子种类及浓度等参数对电化学沉积产品的质量有很大影响。为此，亟须对电化学沉积工艺参数进行优化，从而为电化学沉积技术在工业生产和日常生活中的应用提供一定技术支撑。

1.5　喷射电沉积技术研究进展

喷射电沉积技术是在电化学沉积的基础上改进而来的，它是利用循环泵将镀液以一定的流速和喷射压力作用在基体表面。同时，利用电镀电源使镀液中的金属离子发生电化学反应，从而在基体表面沉积一定结构和厚度的金属镀层的方法。喷射电沉积技术具有操作简单、设备成本低廉、安全可靠、加工效率高、便于由实验室向工业生产转移等特点，非常适合在复杂结构、微细零件表面制备一种或多种镀层。与传统电沉积方法相比，较大的电流密度极值和一定流动速度的镀液，使得喷射电沉积制备金属基纳米镀层的速度更快且质量更高。因此，本书在完备喷射电沉积机理和相关工艺技术基础上，将喷射电沉积技术与仿生学技术有机结合，在金属零部件表面制备镍基 AlN 纳米仿生镀层，实现"仿生-结构-功能"相融合，为纳米仿生镀层的制备提供一定技术支持，促进了实验研究成果转化为现实生产力。

1.5.1　喷射电沉积的沉积原理

众所周知，传统电沉积技术是一种常见的电化学加工技术，其沉积装置及原理如图 1.16 所示。在电镀电源的作用下，阳极金属发生氧化反应生成金属阳离子，并进入镀液中；在电场力作用下，金属阳离子向阴极移动，并在阴极基体表面发生还原反应，从而在阴极表面沉积出金属镀层。

通常情况下，电沉积过程主要包括液相传质、前置转化、电荷转移、金属结晶四个步骤。这四个步骤又分别表现为金属离子的转移、金属离子的配位转化、电荷转移形成原子以及吸附原子的形核和生长四个阶段。在电沉积过程中，电化学沉积速度是由上述四个阶段的最慢速度决定的。此外，金属离子到达阴极表面之后，其阴极过电位达到一定数值时，金属离子才能在阴极表面发生还原反应，进而析出金属晶粒。一般来说，金属离子的阴极过电位主要由其浓差极化和电化学极化来决定，其表达式为

$$\eta = \eta_m + \eta_n \tag{1.4}$$

式中　η——阴极过电位，V；

η_m——浓差极化过电位，V；

η_n——电化学极化过电位，V。

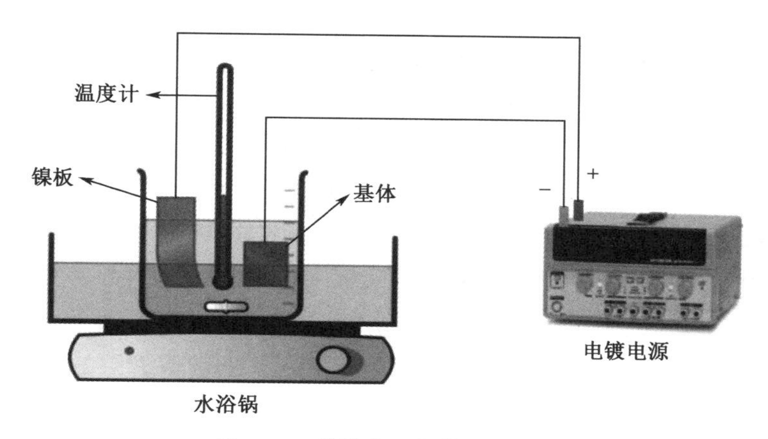

图 1.16 传统电沉积装置及原理

基于高速射流的喷射电沉积技术与传统电沉积技术相似,也是在电镀电源的作用下,阳极金属发生氧化反应生成金属阳离子,并进入镀液中;在电场力作用下,金属阳离子向阴极移动,并在阴极表面沉积出金属镀层。然而,与传统电沉积技术相比,喷射电沉积技术最大的特点在于,在喷射电沉积过程中,镀液会在循环泵作用下以一定的速度冲击到基体表面,在较大的电流密度值和一定流动速度的镀液作用下,更快地制备出质量更高的金属基镀层。喷射电沉积工作原理如图 1.17 所示。

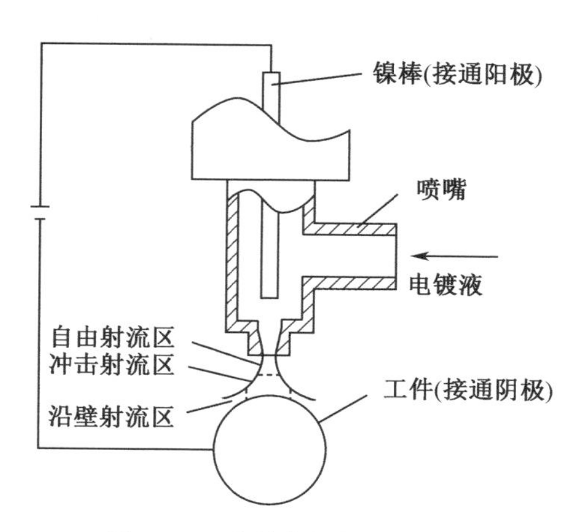

图 1.17 喷射电沉积工作原理

1.5.2　喷射电沉积的技术特点

陆宏圻和赵剑锋等指出,喷射电沉积技术具有以下特点:

(1)喷射电沉积技术是将镀液通过循环泵加速和加压,然后通过阳极喷嘴高速喷射到阴极工件表面。在沉积过程中的强对流效应,改变了沉积过程中液相传质方式。因此,喷射电沉积通过强对流的液相传质方式,能够有效补充阴极表面的离子浓度,减小扩散层厚度,从而大大提高沉积速率。

(2)与传统电沉积技术相比,采用喷射电沉积技术制备镀层的缺陷数量相对较少,这是由于喷射电沉积过程中镀液高速流动对阴极工件表面产生较强的冲击压力造成的。镀液具有一定速度和压力,可以对阴极析出的氢气产生冲刷作用,有效降低了沉积镀层孔隙率,减少镀层缺陷。

(3)喷射电沉积的电场可在喷嘴处实现局部化,因此该技术可以针对性地在阴极工件表面进行局部或整体沉积,非常适合修复磨损、损伤或被腐蚀的金属零件。

(4)喷射电沉积的生产成本较低,所需设备结构简单、操作方便等。

1.5.3　喷射电沉积的技术影响因素

在喷射电沉积过程中,工艺参数的任何变化均可能影响所制备镀层的性能。因此,需要掌握工艺参数对喷射电沉积制备镀层的影响规律,从而确定喷射电沉积制备镀层的最佳工艺参数。王猛等、姜凌云等研究发现,影响喷射电沉积技术的因素主要有以下几个方面。

(1)电流密度

电流密度对喷射电沉积过程中阴极过电位和形核速率有很大影响。当电流密度过小时,阴极过电位较小。此时,镀层晶粒的形核速率小于生长速率,故其获得的镀层质量较差。当电流密度过大时,所获得的镀层较厚。此时,在镀层内部易出现针孔、结瘤或枝晶结构,并且极易出现严重的析氢现象。这种现象会导致镀层表面出现空洞、疏松、不平整等缺陷,极大地影响镀层的性能。因此,为保证喷射电沉积技术制备镀层的质量,在镀层制备时需将电流密度控制在合理范围内。

(2)喷射速度

在喷射电沉积过程中,镀液被垂直喷射到阴极表面。这种冲击射流作用将对阴极附近镀液产生强烈的搅拌作用,从而加快镀液传质过程,进而使阴极附近的离子浓度得到及时补充。这一效应既能抑制浓差极化和扩散层增长,还能提升沉积过程的极限电流密度和沉积速率。但是,喷射速度过快也会造成阴极表面弱吸附的金属离子被冲刷回镀液中,进而导致镀层的沉积速率和整体质量降低。

(3)pH

在喷射电沉积过程中,镀液 pH 的变化会影响镀液中离子的浓度,进而影响阴极的电流密度。当镀液呈碱性时,提高镀液 pH 可提升阴极电流密度,进而能获得性能较好的复合镀层。但当 pH 过高时,阴极附近极易出现沉淀物。这一现象会导致镀层晶粒变粗,从而影响所制备镀层的力学性能。当镀液为酸性时,pH 降低可增加阴极电流密度。但过低的 pH 也会导致阴极析氢量增大、沉积效率低等问题,进而造成复合镀层表面出现针孔等结构缺陷,严重影响镀层性能。因此,为保证喷射电沉积技术所制备镀层的质量,在镀层制备时需将其 pH 控制在合理范围内。

(4)镀液主盐浓度与温度

镀液主盐是镀层金属离子的主要来源。在喷射电沉积过程中,高浓度主盐可以提高阳离子还原率,从而提升阴极电流效率。镀液温度变化则可以影响主盐溶解速率,进而可改变镀液中主盐的离子的浓度。当主盐浓度一定时,镀液温度越高,主盐的溶解速度越快,进而可提高镀液离子浓度、阴极过电位以及镀液黏度。但当镀液温度过高时,离子扩散速度以及放电离子的活化能将超过正常水平。这也导致阴极处沉积速度过快,进而导致沉积得到的镀层晶粒过于粗大。此时,所制备镀层的综合性能也会受到较大影响。

(5)有机添加剂

若在镀液中加入特定有机添加剂,可以进一步细化所制备镀层晶粒的尺寸,从而改善镀层的表面质量。这是因为有机添加剂的应用可极大地改变阴极电位和极限电流密度,进而影响喷射电沉积的动力学过程。此外,镀层的晶粒细化程度、硬度等均会得到提升。在喷射电沉积技术中,常用的有机添加剂有糖精钠和脂肪烃两种。

1.5.4 喷射电沉积的研究现状

在电沉积过程中,若需提高镀层的沉积速率,最为直接的方式是提高阴极和阳极的电流密度。然而,在传统电沉积过程中,过大的电流密度会导致阴极表面析氢现象严重，进而使得镀层内应力很高，导致镀层的综合性能变差，这亟须一种新型的复合电沉积技术，来满足大电流密度和高沉积速率的需求。为此，喷射电沉积技术应运而生。喷射电沉积技术可显著增加液相的传质速率，有效减小镀液扩散层的厚度。此外，喷射电沉积是在镀液流动状态下进行的电化学反应，这有利于阴极析出的气体迅速排除，从而降低镀层的孔隙率。

与本书 1.4 节所述表面涂覆技术对比，喷射电沉积技术具有操作方便、加工效率高、安全可靠、设备便宜、成本低廉、便于由实验室向工业生产转移等优点。近年来，国内外学者相继开展了有关喷射电沉积合金镀层或金属基纳米镀层的制备及应用研究。因此，喷射电沉积技术是目前使得纳米镀层快速成型的有效办法之一。

20 世纪 80 年代，Doryll 等发明了一种新型的喷射电沉积系统，并利用该系统对机械零件表面进行镀金处理。研究发现，喷射电沉积在高流速、高电流密度条件下，纯金镀层的沉积效果最为理想。Booking 将喷射电沉积技术与激光技术相结合，利用激光产生的局部高温，促使纯金镀层晶粒的生成和长大。梁志杰等将摩擦技术与喷射电沉积技术相结合，通过镀笔前端摩擦块在基体表面的机械摩擦，从而达到了限制镀层粗大晶粒生长的目的，并获得了质量优异的复合镀层。谭俊等在喷射电沉积装置基础上加载了超声设备，并用该装置制备出纯镍镀层。研究表明，超声波对喷射电沉积的增益作用主要体现在以下两个方面：

（1）超声波产生的空化效应可显著抑制镀层晶粒的生长，起到细晶强化作用。

（2）超声波产生的高频振动可有效促进阴极表面气体的析出，进而获得致密的镍镀层。

Chen 等在喷射电沉积镀液中加入硬度较高的 Al_2O_3 纳米粒子，并制备出了性能优异的 Cu-Al_2O_3 纳米镀层。研究表明，随着镀层中 Al_2O_3 纳米粒子的复合量增加，纳米镀层的硬度得到大幅提升。Wang 等采用高速射流电沉积技术，在高温合金 K17 基体表面制备出 Ni-ZrO_2 纳米镀层。通过对比氧化动力学曲线发现，ZrO_2 纳米粒子的引入，提高了 K17 合金的高温抗氧化性能。张庆等采用喷射电沉积方法，在金属基体表面制备出 Co-Ni-Cr_3C_2 镀层。研究发现，沉积 Co-Ni-Cr_3C_2 镀层的基体不仅在耐磨性能上发生改变，且在高温退火后仍能保持较高的硬度。Fu 等将纳米稀土 CeO_2 纳米粒子掺杂在 Ni-Fe-Co-P 镀层中，结果发现，适宜浓度的 CeO_2 纳米粒子能够显著改善 Ni-Fe-Co-P 镀层的耐磨性能与耐腐蚀性能。另外，喷射电沉积除了制备金属基镀层外，还可用来制备泡沫材料以及微型零件。陈斐等通过将硬质粒子摩擦法引入喷射电沉积过程中，实现了微型金属零件的快速成型制造。李恒征等研究了喷射电沉积参数（喷射电压和喷射参数）对 Ni-Co-

BN(h)纳米镀层耐磨性能的影响。段双陆等利用喷射电沉积工艺在45钢外圆表面分别制备Ni-P镀层和Ni-P-ZrO_2镀层。结果发现,Ni-P-ZrO_2镀层的耐腐蚀性能要远高于Ni-P镀层。马世伟等研究了喷射电沉积的原理,阐述了喷射电沉积的发展过程和应用领域并对未来发展进行了展望。Li等采用脉冲-喷射电沉积法制备了Ni-SiC纳米镀层,利用Fluent软件模拟了喷射速度对Ni-SiC纳米镀层耐腐蚀性能的影响。马春阳采用电磁场、超声波场及电场耦合沉积,在钻井泥浆泵活塞表面制得Ni-TiN纳米镀层,并对其耐磨性能进行研究。结果发现,Ni-TiN纳米镀层的最小磨损量和摩擦系数分别为34.7 mg和0.44。马春阳等采用正交试验法对Ni-Co-TiN复合镀层的工艺参数进行优化。正交试验结果表明,当镀液喷射速度为4 m/s、超声波功率为120 W、TiN纳米粒子含量为10 g/L、极间距为8 mm时,复合镀层的显微硬度最高,耐腐蚀性能最好。Zhang等利用脉冲喷射电沉积技术,在45碳钢表面制得Ni-Co-P合金镀层。研究发现,随着脉冲频率和占空比的增大,涂层的显微硬度先增大后减小,当脉冲频率为4 kHz、占空比为80 %时,涂层的显微硬度达到最大值。张银等采用喷射电沉积技术在45钢工件表面制备Ni-P/BN(h)复合镀层。结果表明,当工件转动速度为4.186 mm/s时,复合镀层的摩擦系数和磨痕深度最小,磨损量最低。另外,有学者采用喷射电沉积技术,制得多孔金属镍。研究发现,多孔金属镍的孔隙率随喷射速度的增加先减小后增大。本书初步研究了喷射脉冲电沉积Ni-TiN纳米镀层的微观组织和耐腐蚀性能。研究表明,当射流流速为3 m/s时,Ni-TiN纳米镀层中Ni元素和Ti元素的含量分别为54.5 at.%和19.8 at.%。Zhang等研究了喷射电压和镀液温度对喷射电沉积Ni-Co-P镀层的耐磨性能和抗海水腐蚀性能的影响。结果表明,喷射电压为12 V、镀液温度为60 ℃时制备的镀层耐磨损性能和耐腐性能最佳。Xu等利用喷射电沉积技术制备超疏水不锈钢网实现油水分离。目前,有关喷射电沉积技术在表面处理、材料制备等方面的研究,主要集中在对喷射电沉积参数的粒子与金属离子共沉积机理、参数优化,以及对镀层显微组织和性能(耐磨损、耐腐蚀、热稳定)的影响规律等方面,鲜有关于将喷射电沉积技术与其他技术(如模拟仿真、仿生表面技术、再制造技术等)有机结合,并应用于高压柱塞泵关键件表面改性的全面、系统研究。

今后,国内外研究的发展趋势是:在完备喷射电沉积机理和相关工艺技术基础上,将喷射电沉积技术与其他技术有机结合,制备新型“仿生-结构-功能”融合化纳米晶体或金属基纳米镀层,促进实验研究成果转化为现实生产力。

1.6 脉冲-喷射电沉积技术研究进展

1.6.1 脉冲-喷射电沉积的沉积原理

脉冲-喷射电沉积是一种典型的喷射电沉积技术,它将脉冲电沉积与喷射电沉积相结合,从而实现了制备金属基纳米镀层的目的。脉冲-喷射电沉积具有脉冲电沉积和喷射电沉积的优势,不仅能制备出晶粒细小、致密度高的镀层,还能提高电流密度的上限,进而加速金属离子的沉积。图 1.18 为典型的脉冲-喷射电沉积装置示意图,该装置主要由脉冲电镀电源、循环泵、喷嘴、进给装置、超声波发生器等设备组成。脉冲电镀电源可为脉冲-喷射电沉积过程中的金属离子提供驱动力和电化学能。循环泵主要为镀液提供一定的压力和流速。喷嘴的作用不仅是参与电化学反应,还能改变镀液的流动状态。进给装置的主要作用是控制喷嘴按照编制的程序进行运动,并为喷嘴提供一定的固定和支撑作用。超声波发生器的作用主要表现在以下两个方面:

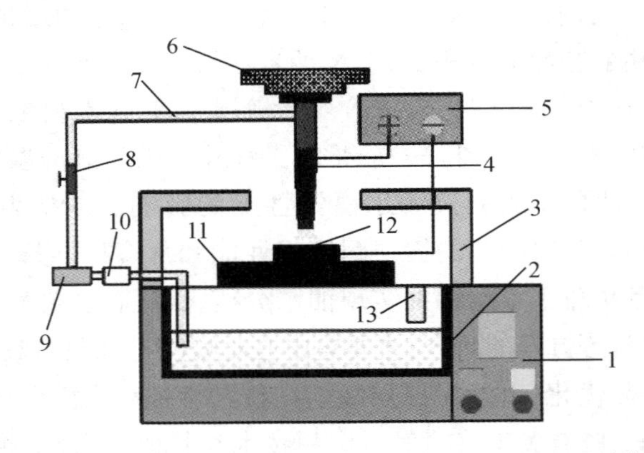

1—电源;2—水浴锅;3—超声波发生器;4—喷嘴;5—脉冲电镀电源;6—进给装置;7—导液管;8—止液开关;9—流量计;10—循环泵;11—绝缘台;12—基体试件;13—电热棒。

图 1.18 脉冲-喷射电沉积装置示意图

(1)超声波的机械搅拌作用对镀液进行搅拌,使悬浮的 AlN 纳米颗粒均匀地悬浮于镀液中。

(2)超声波的超声振动和空化作用对纳米镀层中金属晶粒的生长起到一定的

抑制作用，从而获得组织致密、晶粒细小的镍基 AlN 纳米仿生镀层。

研究表明，在脉冲-喷射电沉积过程中，喷射电沉积系统所能承载的最大电流密度远远高于传统电沉积系统所承受的电流密度。因此，脉冲-喷射电沉积的系统效率较高，故制备镀层的生产率也就较高。在脉冲-喷射电沉积过程中，阴极和阳极的过电势越高，它们对喷射电沉积金属晶粒生长的抑制作用就越明显。此外，阴极和阳极的过电势越高，还可促进镀层中新晶粒的产生，增加晶粒的形核数量，并可减小晶粒尺寸。在脉冲-喷射电沉积过程中，镀层晶粒的形核大小可由式(1.5)来计算。

$$\tau = \frac{2\delta V}{Z\ell_0 |\eta|} \tag{1.5}$$

式中　τ——晶粒半径，mm；

δ——表面能，W；

V——晶体中原子体积，mm^3；

Z——电荷数；

ℓ_0——元电荷，C；

η——过电势，V。

由式(1.5)可以看出，阴极和阳极的过电势越高，镀层中金属晶粒的尺寸就越小。然而，阴极和阳极的过电势过高的话，将导致镀层内应力过高，并产生镀层表面烧焦或开裂等问题。因此，在制备镍基 AlN 纳米仿生镀层时，需要对脉冲-喷射电沉积的电参数进行综合分析和探究，以便确定适宜的脉冲-喷射电沉积制备镍基 AlN 纳米仿生镀层的工艺参数。

1.6.2　脉冲-喷射电沉积的技术特点

由于脉冲-喷射电沉积是在脉冲电沉积和喷射电沉积技术上发展起来的，故它具备了脉冲电沉积和喷射电沉积的优势，其主要特点如下。

(1)脉冲-喷射电沉积的浓差极化小

在电沉积过程中，由于阴极附近的金属离子参与了电化学反应，故其浓度有所降低。因此，在阴极表面与镀液间存在一定的离子浓度差。另外，由于脉冲-喷射电沉积技术是将镀液以一定压力和流速喷射到阴极表面的，故脉冲-喷射电沉积可有效减小镀液的浓差极化。

(2)脉冲-喷射电沉积的扩散层厚度薄

一般来说，所谓脉冲-喷射电沉积的扩散层厚度是指阴极表面与镀液因金属离子沉积形成的浓度变化区域。在脉冲-喷射电沉积过程中,因镀液是循环流动的,故可有效减小阴极附近金属离子浓度的变化区域,使其扩散层厚度变薄。

(3)脉冲-喷射电沉积的电流密度上限高

通常情况下,镀液扩散层厚度直接决定脉冲-喷射电沉积的电流密度上限,它与脉冲-喷射电沉积的电流密度上限成反比。因此,脉冲-喷射电沉积的扩散层厚度越薄,其电流密度上限就越高。

(4)脉冲-喷射电沉积制备的镀层质量好

众所周知,镀层质量的好坏与脉冲-喷射电沉积电流密度的大小密不可分。在脉冲-喷射电沉积过程中,由于脉冲-喷射电沉积的电流密度上限较高,镀液中金属离子的沉积速率较快,从而可以获得组织致密的镀层。另外,垂直于阴极表面的射流还可增强镀液的分散能力,使金属离子得到不断补充,并减小阴极表面的析氢反应,从而获得质量好的镀层。

1.6.3 脉冲-喷射电沉积的研究现状及应用

由于在脉冲-喷射电沉积过程中,镀液是以连续或脉冲方式作用到阴极表面,因此,脉冲-喷射电沉积更加有利于阴极表面气体的析出。国内外学者已开展了脉冲-喷射电沉积制备金属基镀层的相关研究。张艳艳等将脉冲技术引入喷射电沉积工艺中,在切削刀具表面制备了 CoNiCrC 镀层。他们利用脉冲电源使电极极化和浓差极化主导的电沉积过程交替发生,从而提高了 CoNiCrC 镀层的机械性能。宫凯等利用脉冲-喷射电沉积技术制备了多孔镍,并将多孔镍材料用于电子元件的制备领域。研究表明,多孔镍材料作为电化学电容器时,电化学稳定性优异。朱军等在脉冲-喷射电沉积过程中,引入了硬质颗粒摩擦辅助装置,从而实现了金属零件的快速成型。结果表明,该方式制得的零件具有屈服强度较高、结构致密、抗压和抗拉性能好等特点。

目前,有关仿生摩擦学和喷射电沉积技术的相关报道较多。然而,少有将仿生摩擦学与脉冲-喷射电沉积技术相结合,制备出具有仿生结构的纳米镀层的报道,有关脉冲-喷射电沉积纳米仿生镀层的研究较少。镍是一种银白色金属,具有硬度高、延展性好以及耐腐蚀性好等特点,被广泛应用于机械、电镀、化工、军事、航空等领域。AlN 是一种呈白色或灰白色的无机氮化物,因其具有热导率高、热膨胀系数小、电性能优良、硬度高、耐磨性和耐腐蚀性好等特点,被广泛应用于机械、电子、电气、光学等领域。将 AlN 纳米陶瓷颗粒与金属镍相复合,可以制备出具有硬度高、耐磨性好、高温氧化性稳定的新型镍基 AlN 纳米镀层。因此,本书拟采用脉冲-喷射电沉积方法,在金属材料表面制备镍基 AlN 纳米仿生镀层,以期提高机械零件表面的耐磨性能和耐腐蚀性能,进而实现纳米仿生镀层在工业生产中的进一步应用。同时,该研究也为纳米仿生镀层的制备提供了一种新方法。

第 2 章　镍基 AlN 纳米仿生镀层制备

镍基 AlN 纳米仿生镀层是一种综合了纳米镀层与仿生结构优点的先进纳米材料。它既具有纳米镀层的耐磨、耐腐蚀、耐高温氧化等优势，还具有仿生结构的低摩阻、高承载等功能特点，这对金属材料表面综合性能的提高具有重要的研究价值。本章首先阐述了仿生结构试件的制备；然后介绍了脉冲-喷射电沉积镍基 AlN 纳米仿生镀层的制备。

2.1　仿生结构试件的制备

2.1.1　仿生结构的选择

众所周知，自然界中生物的种类繁多，生物体结构也多种多样。蜣螂是一种黑色或黑褐色的昆虫，主要生活在泥沙环境中。其体表具有型表面结构，该结构能够降低体表与土壤的接触面积。蜣螂在泥沙中运动时，体表的型结构可改变与其接触沙粒的运动状态，使得沙粒以滚动的方式流过蜣螂体表，从而使得蜣螂体表具有减阻耐磨的功能。

蜣螂不只需要在地面爬行，并且需要用铲状的头和桨状的触角把粪便滚成球以供其食用。在长期爬行中，蜣螂除了外壳较坚硬外，能够保持体表无损伤的重要原因与其体表的型结构是分不开的。在扫描电子显微镜下，蜣螂头部和腹部的结构如图 2.1 所示。由图 2.1 可知，蜣螂的头部与腹部表面皆由型结构组成，正是这些非光滑型结构起到的减阻耐磨作用，使蜣螂在长期的爬行和工作中保持了表皮无损伤。

蜣螂体表的型结构在与沙土发生摩擦的过程中会产生空隙，使蜣螂受到的摩擦阻力显著降低。此外，储存在蜣螂体表凹坑中的空气能够有效抵抗摩擦过程中产生的大气负压，从而降低蜣螂体表的压力。同时，蜣螂体表的型结构还能够吸收一部分正压力，进一步降低了蜣螂体表的压力。众所周知，微棱状结构或微凸起结构极易在其尖端或边缘处有应力集中现象发生，导致表面结构易受到一定程度的破坏。然而，结构表面在受到压力时，该结构能够通过多角度接触，使压力均匀地分布。同时,结构比平整型结构的体表面积要大,这有利于通过表面散热形成空气团,从而达到减阻耐磨的效果,这些优势都为仿生结构的应用提供了一定借鉴意义。因此,本书选择仿生结构作为试件的表面结构。

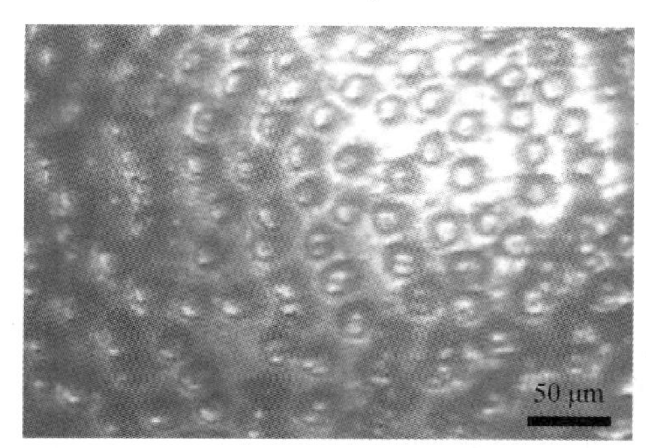

(a) 蜣螂头部

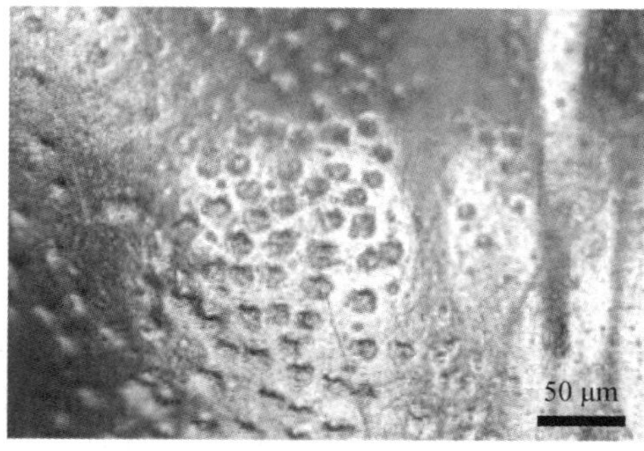

(b) 蜣螂腹部

图 2.1　蜣螂体表结构

2.1.2　仿生结构的设计与加工

根据蜣螂体表的结构特点,本书对试件表面进行减阻耐磨结构的设计,采用 Matlab 软件对结构形态进行建模和提取。然后,对提取的形态模型进行简化处理,简化后的单个凹坑结构形态如图 2.2 所示。

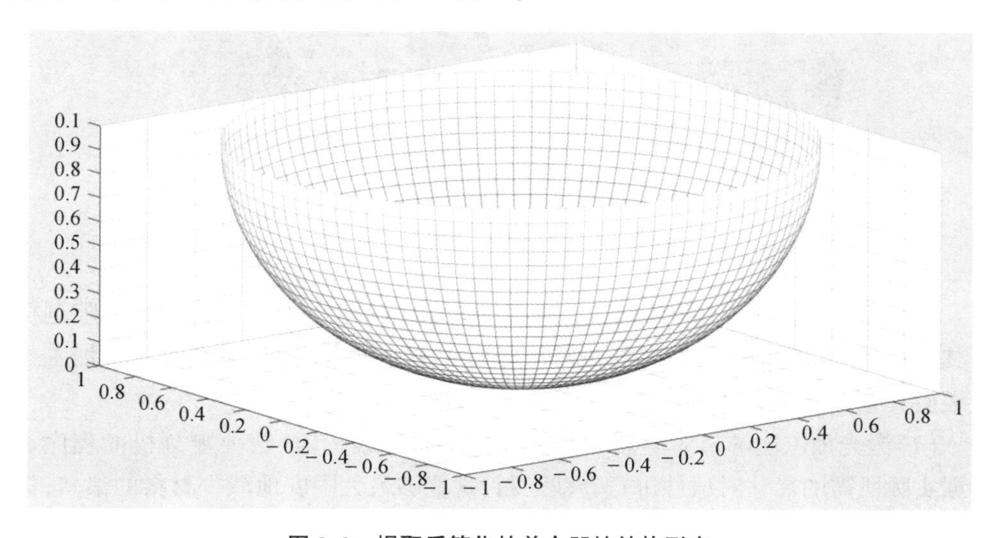

图 2.2　提取后简化的单个凹坑结构形态

为后续建模计算方便,依据单个结构建立的深度(z)计算方程如下:

$$z=\begin{cases}-h\sin\left(\dfrac{R+r-\sqrt{x^2+y^2}}{2r}\pi\right) & R\leqslant\sqrt{x^2+y^2}\\ -h & 0\leqslant\sqrt{x^2+y^2}\leqslant R\\ 0 & \text{其他}\end{cases}\tag{2.1}$$

式中 R——底面圆面半径,mm;

r——顶端圆面半径,mm;

h——深度,mm。

仿生试件表面的建模如图 2.3 所示。模型呈规则分布,结构主要参数包括直径、间距、深度。根据前期研究发现,非光滑表面的深度对仿生试件表面的减阻耐磨性能影响不大,其结果如图 2.4 所示。因此,本书主要研究直径和间距对镍基 AlN 纳米仿生镀层性能的影响。另外,为了获得减阻耐磨性能优异的纳米仿生镀层,应控制其直径在 100~300 μm,其间距在 200~400 μm。

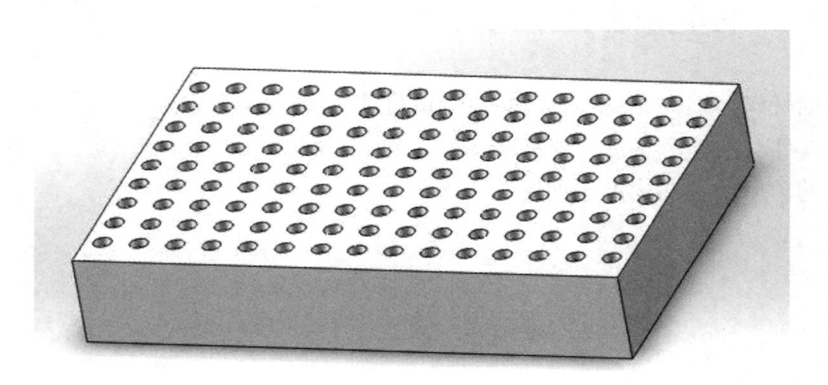

图 2.3 仿生试件表面的建模

在对仿生试件表面进行加工时,选用国产 JDLVM400E A6 型数控激光雕刻机对其进行加工(图 2.5)。与其他传统机械加工方式相比,选用激光雕刻机加工仿生表面具有以下几点优势:

(1)激光加工能够节省材料。在激光加工试件表面时,数控雕刻机的程序会根据实际所需的尺寸对试件进行套裁下料,这能够最大限度地减少材料的浪费,提高其利用率,并可有效降低生产成本。

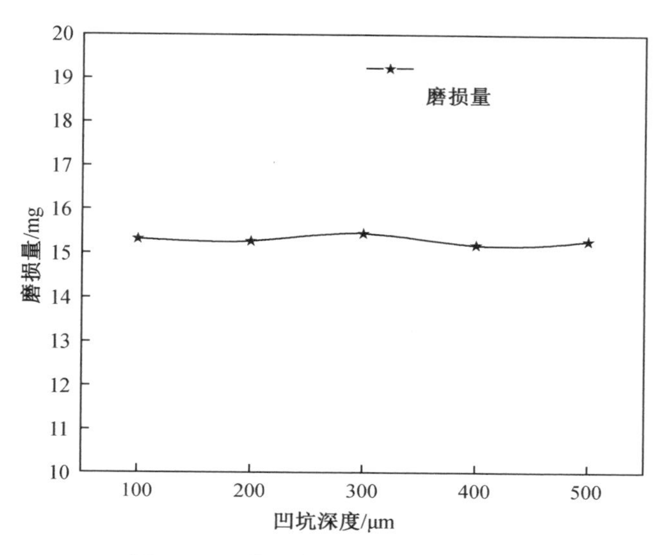

图 2.4　凹坑深度与试件磨损量的关系

图 2.5　JDLVM400E A6 型数控激光雕刻机

(2)与其他传统机械加工方式相比,激光加工的加工精度更加精细和准确。用激光加工试件表面时,试件的最小加工尺寸可达 0.015 mm,远高于其他传统机械加工方法的精度。此外,激光加工技术能够对加工位置进行精确定位,保证试件的加工精度。

(3)与传统机械加工相比,在激光加工过程中,激光头与试件不是直接接触,而是靠激光产生的局部热效应对试件进行加工的,故试件的热变形很小,可忽略不计。

(4)使用激光加工技术对试件进行加工时,加工后的试件表面没有毛刺,且表面质量较好。图 2.6 为激光加工完成后,带有结构的试件实物图。

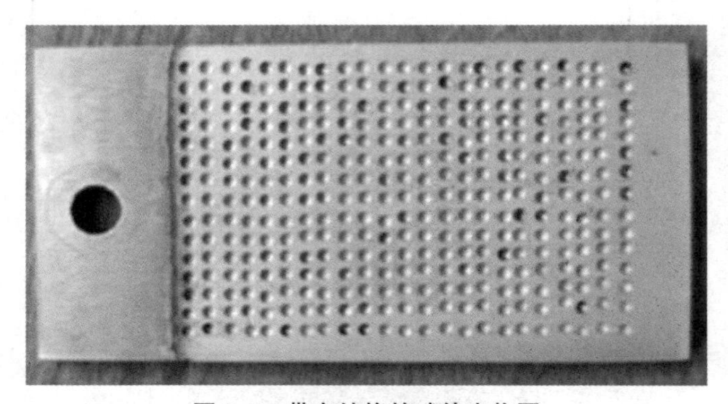

图 2.6　带有结构的试件实物图

2.2　脉冲-喷射电沉积镍基 AlN 纳米仿生镀层的制备

2.2.1　镍基 AlN 纳米仿生镀层的制备机理

在 AlN 纳米微粒与基质金属镍离子的共沉积过程中,为了使 AlN 纳米微粒均匀分散于复合镀液并大量沉积到基质金属镍晶粒中,必须使 AlN 纳米微粒不断地向阴极表面迁移,这可通过机械搅拌、超声波搅拌或磁力搅拌等方法来实现。搅拌和起微弱作用的电场力使被吸附离子和溶剂分子所包裹的 AlN 纳米微粒运动到阴极的紧密层外侧,在范德华力的作用下形成弱吸附。当带电荷的 AlN 纳米微粒迁移到双电层内时,由于静电引力的增强,AlN 纳米微粒与阴极建立起较强的强吸附,在界面场的作用下,AlN 纳米微粒被固定在阴极表面,而后被不断沉积的金属镍晶粒所掩埋。被掩埋的 AlN 纳米微粒仍有被冲刷的可能,只有当被沉积的金属镍晶粒掩埋超过 AlN 纳米微粒半径时,AlN 纳米微粒才能牢牢地嵌埋在基质金属中,与基质金属发生"嵌合",从而在仿生结构试件表面形成镍基 AlN 纳米复合镀层。本书主要采用脉冲-喷射电沉积的方法制备镍基 AlN 纳米仿生镀层,镀层形成过程如图 2.7 所示。

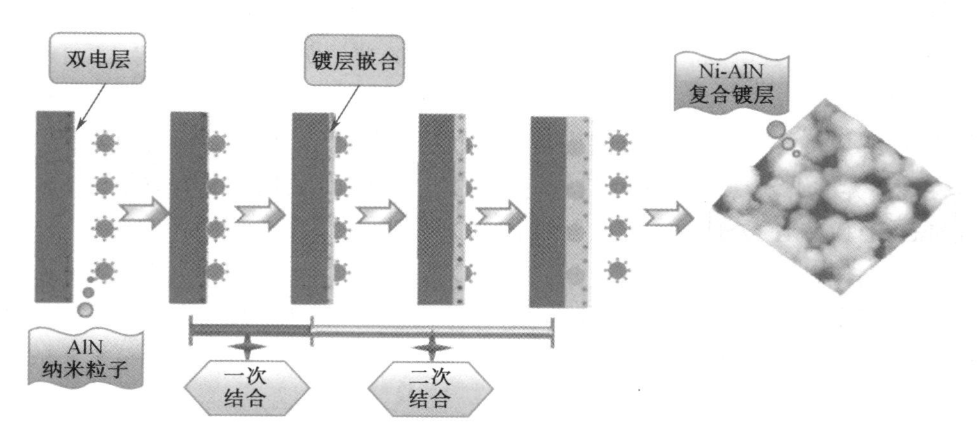

图 2.7　镍基 AlN 纳米复合镀层形成过程

2.2.2　阴阳极材料与纳米粒子的选择

(1)阴极材料

45 钢是含碳量为 0.45%的优质碳素结构钢,是一种常用于机械加工的金属材料,它拥有良好的综合机械性能,广泛应用于制造机械结构或部件(如连杆、螺栓、齿轮及轴类等)。随着工件使用环境的日益复杂恶劣,对 45 钢等金属材料的性能要求逐渐提高,特别是在耐磨和耐腐蚀性能等方面。因此,本书以 45 钢作为基体材料,研究脉冲-喷射电沉积镍基 AlN 纳米仿生镀层工艺参数对其表面形貌、相结构及性能的影响规律。此外,本书选用尺寸为 30 mm×20 mm×5 mm 的 45 钢作为脉冲-喷射电沉积的阴极试件,其三维结构如图 2.8 所示。

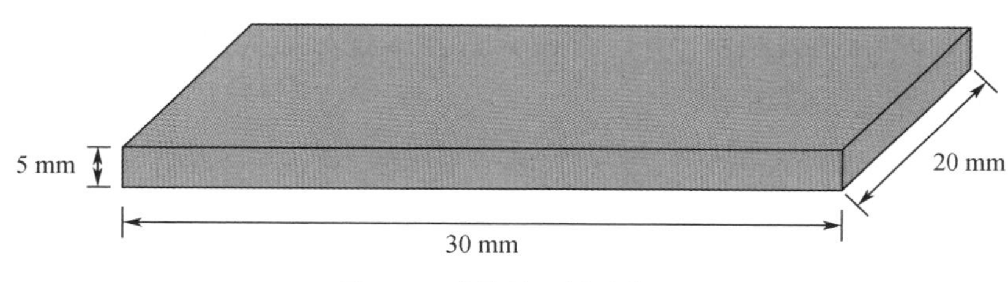

图 2.8　试件的三维结构图

在镀层制备过程中,镍离子、AlN 纳米粒子将在阴极工件和镀液的交界面处发生电化学反应,从而在阴极工件表面发生共沉积,最终生成纳米复合镀层。当阴极工件表面存在油污或未清理干净的氧化层时,阴极工件与镀液的接触将受到影响。此时,阴极表面离子及粒子的传质行为会受到阻碍,阴极工件和镀液交界面处的电化学反应也会受到影响。因此,金属离子在该处的结晶质量也随之降低,工件表面所沉积镀层也会出现致密性下降、孔隙增多或表面翘皮等问题。由此可见,阴极工件表面预处理质量将直接影响阴极基体与镀层之间的结合力。因此,为了获得综合性能优异的纳米复合镀层,在进行脉冲-喷射电沉积实验前,需要对阴极工件表面进行预处理。预处理的工艺过程如下。

①试件打磨

在对试件进行打磨处理时,分别使用 200#、400#、800#、1200#金相砂纸对阴极试件表面进行机械打磨,从而得到表面粗糙度小于 0.8 μm 且表面光滑、平整的阴极工件。

②试件除锈

在对试件进行除锈处理时,首先利用抛光机去除阴极工件表面的氧化皮和铁锈等杂质,再利用浓度为 8 vol.%的稀盐酸溶液对试件表面进行除锈处理,保证试件表面无锈迹存在。

③试件除油

经过机械打磨及抛光除锈后,试件表面仍可能残存少量油污。为此,需要对所得试件进行除油处理。本书在对试件进行除油处理时,利用自制的除油液(5 vol.% NaOH、8 vol.% Na_2CO_3、87 vol.%蒸馏水),将工件连接至盛有除油液的电解加工装置阳极,利用电化学反应去除工件表面的油污、胶体及金属离子,保证试件表面无油渍存在。

④试件表面活化

在对试件进行表面活化时,首先采用自制的强酸活化液(表 2.1)对试件进行强酸活化处理,去除其表面的氧化膜。在完成试件的强酸活化后,为去除工件表面残存的活化液,采用 20 vol.%盐酸溶液对试件表面进行弱酸活化处理。完成试件的弱酸活化后,利用去离子水对试件再次进行清洗,最后,将进行试件烘干和封存。

表 2.1　强酸活化液主要成分

溶液成分	添加量/($g\cdot L^{-1}$)
H_3PO_4(磷酸)	10
HNO_3(硝酸)	20
CH_3COOH(乙酸)	10

(2)阳极材料

在脉冲-喷射电沉积过程中,阳极材料选用外径为 ϕ30 mm 的镍棒,并依照实验所需的喷嘴结构进行加工,喷嘴的实物和截面如图 2.9 所示。另外,喷嘴的主要作用是向阴极基体表面喷射镀液,并参与脉冲-喷射电沉积的电化学反应。

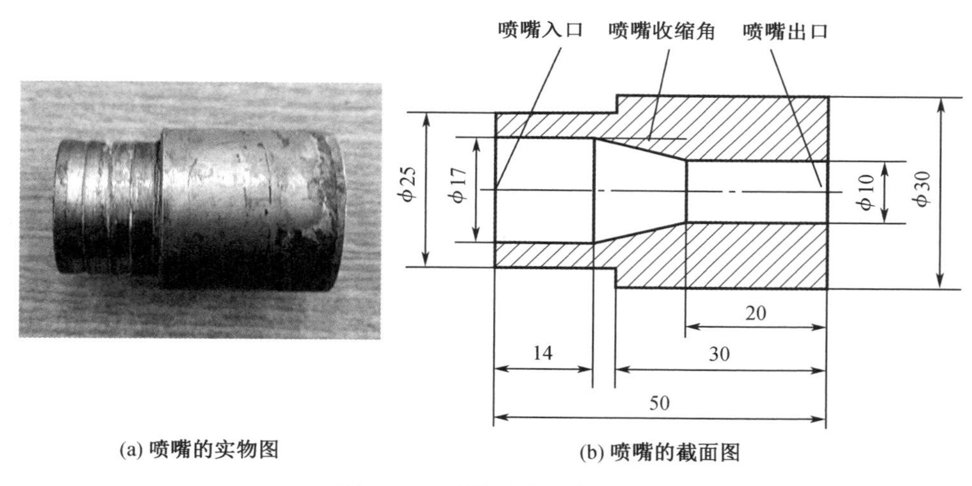

(a) 喷嘴的实物图　　(b) 喷嘴的截面图

图 2.9　喷嘴的实物和截面图

(3)AlN 纳米粒子的选用

AlN 纳米粒子是一种具有高硬度、高热导率、低密度、低热膨胀系数、优异耐磨性能以及抗腐蚀性能的无机氮化物陶瓷颗粒,已被广泛用于冶金、化工、机械、航天等行业中。另外,AlN 纳米粒子还可应用在结构器件的制造方面,如滑动轴承、液体燃料喷嘴、坩埚、大功率高频率模具、半导体元器件等的制造;金属及其他材料表面处理领域,如耐热涂层、散热表面涂层、防腐涂层及吸波涂层等的制备;复合材料的制备方面,如金属基复合材料、陶瓷基复合材料以及高分子基复合材料等的制备。因此,本书选用纯度高于 99 wt.%的 AlN 纳米粒子作为镍基纳米镀层的增强相粒子,以便制备出高显微硬度、高热导率、优异耐磨性能以及抗腐蚀性能的镍基

AlN 纳米仿生镀层。本书选用的 AlN 纳米粒子的指标和基本性能参数见表 2.2。

表 2.2　AlN 纳米粒子的指标和基本性能参数

外观	灰白
晶型	六方
松装密度	0.12 g/cm^3
比表面积	>78 m^2/g
游离硅含量	0.2 %
总含氧量	0.8 %
密度	3.26 g/cm^3
熔点	2 200 ℃
热导率	175 W/m·K
弹性模量	345 GPa
热膨胀系数	3.5×10^{-6}/K

2.2.3　镀液的配置

在脉冲-喷射电沉积镍基 AlN 纳米仿生镀层时,需要配置一定浓度和体积的专用镀液,本书所述镀液配方见表 2.3。在该专用镀液的配置过程中,主要使用了六水合硫酸镍、六水合氯化镍、硼酸、十二烷基硫酸钠、糖精钠、AlN 纳米粒子、十六烷基硫酸钠等化学药品,它们的作用及功能如下。

表 2.3　复合镀液成分及含量

镀液成分	添加量
六水合硫酸镍	240 g/L
六水合氯化镍	30 g/L
硼酸	25 g/L
十二烷基硫酸钠	0.1 g/L
糖精钠	0.15 g/L
AlN 纳米粒子	2~12 g/L
十六烷基硫酸钠	60 mg/L

(1)硫酸镍

镀液中的硫酸镍主要为阴极的还原反应提供 Ni^{2+},其含量对镍基 AlN 纳米仿生镀层沉积速率的影响较大。同时,镀液中硫酸镍的含量也会使镀液的 pH 随之发生改变。当镀液中硫酸镍含量较高时,镀液的 pH 较低;当镀液中硫酸镍含量较低时,则镀液的 pH 较高。为了制备综合性能较好的镍基 AlN 纳米仿生镀层,镀液的 pH 变化应在 3.8~5.5 为宜。如果镀液的 pH 过低,则会使得阴极表面的导电效率下降,进而导致制备的镍基 AlN 纳米仿生镀层的脆性变大;反之,如果镀液的 pH 过高,则阴极沉积出来的镍基 AlN 纳米仿生镀层颜色发乌,其表面还会存在大量毛刺,且镀层的脆性也会增加。

(2)氯化镍

若只使用硫酸镍为阴极提供 Ni^{2+},则在脉冲-喷射电沉积过程中阳极易产生钝化现象。所以要在镀液中增添氯化镍,依靠氯离子对阳极的活化作用,防止阳极表面发生钝化现象。然而,镀液中氯化镍的含量应控制在合理范围内。若镀液中氯化镍的含量过高,则会使镍阳极溶解速率过快,导致镀液中的杂质较多;若镀液中氯化镍的含量过低,则镍阳极的溶解速率变慢,导致镀液中硫酸镍的消耗量增加,进而使得脉冲-喷射电沉积镍基 AlN 纳米仿生镀层的成本增高。

(3)硼酸

硼酸作为一种缓冲剂,在脉冲-喷射电沉积过程中不仅起到保持镀液 pH 的作用,而且还能提高阴极表面的电流密度。当阴极表面的电流密度较高时,镍基 AlN 纳米仿生镀层的金属晶粒得到显著细化,从而可提高镀层与基体之间的结合力。此外,硼酸的离解作用有利于硫酸镍的水解,并促进脉冲-喷射电沉积的电化学反应顺利进行。

(4)十二烷基硫酸钠

十二烷基硫酸钠是一种润湿剂,它具有降低镀液界面张力的作用,使氢气难以在阴极表面滞留。因此,镀液中加入十二烷基硫酸钠,可有效减少镀层表面的针孔和麻点数目,故十二烷基硫酸钠也被称为防针孔剂。

(5)糖精钠

糖精钠常被用作制备镀层时的光亮剂,因为它能够附着在金属粒子表面,增强阴极极化作用,并细化镀层中的金属晶粒,还能够起到提高镀层平整性和光泽度的作用。

(6) AlN 纳米粒子

通过向镀液中添加 AlN 纳米粒子，利用纳米粒子特性，从而可提高镍基 AlN 纳米仿生镀层的综合性能。本书选用的 AlN 纳米粒子平均晶粒为 30 nm，纯度为 99.98%。由于 AlN 纳米粒子具有表面效应，表面原子缺少相邻原子，且 AlN 纳米粒子的悬空键较多，极易发生团聚现象，这将导致其纳米特性变弱。为此，在配制脉冲–喷射电沉积镍基 AlN 纳米仿生镀层的复合镀液时，本书采用磁力搅拌和超声搅拌相结合的方式，对镀液中的 AlN 纳米粒子进行搅拌和分散，从而抑制 AlN 纳米粒子在镀液中的团聚。然后，通过实验确定出脉冲–喷射电沉积镍基 AlN 纳米仿生镀层的最佳 AlN 纳米粒子添加量。

(7) 十六烷基硫酸钠

十六烷基硫酸钠是一种洗涤剂、润湿剂和乳化剂，可作为金属光剂和胶黏剂的配方药品。因此镀液中加入十六烷基硫酸钠，可促进镀层光泽度提升，并有效调节镀液胶黏性。

在脉冲–喷射电沉积镍基 AlN 纳米仿生镀层时，为了获得高质量的复合镀层，需要精确控制镀液及施镀参数，包括镀液 pH、镀液温度、施镀时间、脉冲电流密度、AlN 纳米粒子浓度、镀液喷射速率、脉冲占空比、极间距等，本书所述相关参数控制情况见表 2.4。

表 2.4 镀液及施镀参数控制

镀液及施镀参数	控制数值
镀液 pH	5
镀液温度	50 ℃
施镀时间	45 min
脉冲电流密度	5~30 A/dm^2
AlN 纳米粒子浓度	2~12 g/L
镀液喷射速率	0.2~0.8 m/s
脉冲占空比	10%~60%
极间距	4~14 mm

(1) pH 的控制

镀液的 pH 对于脉冲–喷射电沉积镍基 AlN 纳米沉积层的性质和质量具有较

大影响。本书所述试验利用 pH 试纸对复合镀液进行 pH 测量，并用 5 wt. %的稀盐酸或 5 wt. %的氢氧化钠对复合镀液的 pH 进行调整，保证镀液的 pH 为 5。

(2)镀液温度的控制

镀液温度会影响离子的扩散速率和沉积速率。保持适当的镀液温度，有助于获得均匀、致密的镀层。在高温溶液中，盐类的溶解度增大，溶质浓度增高，允许施加更高的电流密度，更高的电流密度可以强化阴极极化作用，从而优化镀层质量。然而，温度的选择应当适中，因为过高的温度可能导致不好的效果。为了保持镀液温度的稳定，采用超声搅拌装置加强镀液的对流，使阴极表面的金属离子得到补充，从而降低浓差极化，减小扩散层厚度，增大电流密度上限，加快镀覆进程，优化镀层质量。本书所设定的镀液温度为 50 ℃。

(3)施镀时间的控制

在脉冲-喷射电沉积制备镀层过程中，施镀时间直接影响最终镀层的性能和质量。为了实现精确的施镀时间控制，首先，需要建立完善的工艺流程和操作规范，包括电沉积溶液的配制、电极的处理、施镀过程中的温度和压力控制等。通过制定详细的操作规程，可以确保每个环节都能得到准确的执行，从而为施镀时间的控制奠定基础。其次，采用先进的电沉积设备和自动化控制系统实时监测和调节电流、电压、温度等关键参数。当监测到相关参数达到预设值时，设备可以自动关闭或减缓电沉积过程，从而精确控制镀层的厚度和生长速率。此外，优化电沉积工艺参数也是关键。不同的电沉积参数对镀层的生长速率和结构有显著影响，可通过对比不同参数下的镀层性能，找到最优的电沉积条件，从而实现更精确的施镀时间控制。本书所设定的施镀时间为 45 min。

(4)脉冲电流密度的控制

电流密度的大小直接影响电沉积的速率，也会对复合镀液的稳定性产生一定的影响，通过调整电流密度，可以控制镀层的厚度和微观结构，保证镀层的质量。脉冲电流密度的增加能够使阴极过电位提高，有利于镍晶粒的形核，从而得到晶粒细小的镍基 AlN 纳米复合镀层。但是过高的脉冲电流密度容易使镀层结焦，使镀层疏松，同时阴极会产生大量的 H_2，降低了 AlN 纳米粒子的复合量。所以，需要设定适宜的脉冲电流密度来制备晶粒细小致密、表面特性优良的复合镀层。本书所设定的脉冲电流密度数值范围为 5～30 A/dm^2。

(5) AlN 纳米粒子浓度的控制

在脉冲-喷射电沉积制备 AlN 纳米复合镀层时,控制 AlN 纳米粒子浓度的关键在于控制镀液中 AlN 纳米粒子的数量和分布。一方面,通过对镀液温度、施镀时间和添加反应物浓度进行控制,使镀液中 AlN 纳米粒子达到合适数量;另一方面,控制镀液的黏度和电导率,从而使 AlN 纳米粒子的沉积速率和形貌达到要求;另外,控制镀液喷射速度、喷射角度和喷射压力,使 AlN 纳米粒子的分布程度和粒径大小在合适的区间。本书所设定的 AlN 纳米粒子浓度数值范围为 2~12 g/L。

(6) 镀液喷射速率的控制

本实验通过循环泵将电镀液从镀液箱中抽出,经流量计流入喷嘴,然后喷射到基体表面并回流至镀液箱,实现了镀液循环。这种循环方式不仅有助于保持镀液温度的稳定,还能提高被消耗的金属离子的补充速度。控制镀液喷射速率的关键是喷嘴的结构参数(喷嘴入口、喷嘴收缩角、喷嘴出口)。一般来说,镀液的喷射速度越快,镀液中的干扰气体越少,所制备镀层的质量越高,所以在其他工艺条件允许的情况下,应适当增大镀液喷射速率。本实验将喷嘴的内腔设计为倒锥形结构,其实物图和截面图如图 2.9 所示。采用倒锥形内腔结构可有效降低喷嘴出口处的流压,从而提升镀液在出口处的喷射速度。本书所设定的镀液喷射速率范围为 0.2~0.8 m/s。

(7) 脉冲占空比的控制

脉冲占空比是脉冲信号单个周期与整个周期的比值,在脉冲信号中,高电平或有效电平所占的时间比即为占空比。占空比是脉冲信号的一个重要参数,它可以反映脉冲信号的特性。在脉冲-喷射电沉积制备 AlN 纳米复合镀层时,有效控制电镀电源的脉冲占空比,对纳米复合镀层的表面质量具有显著影响。脉冲占空比的调节可以通过改变脉冲宽度来控制输出信号的平均电压或功率。一般而言,占空比越高,输出信号的平均电压或功率也越高;反之,占空比越低,输出信号的平均电压或功率也越低。本书所设定的脉冲占空比数值范围为 10%~60%。

(8) 极间距的控制

在脉冲-喷射电沉积制备 AlN 纳米复合镀层过程中,阳极镍喷嘴和阴极试件上表面之间的极间距数值对镀层制备质量会产生较大影响。极间距过小,阳极镍喷嘴和阴极试件上表面间的电场线集中,试件表面镍离子还原速率加快,镍晶粒快速形核,未能与 AlN 纳米粒子有效沉积,会降低镀层表面质量;极间距过大,阳极镍喷嘴和阴极试件上表面间的电场线分散,试件表面镍离子还原速率降低,镍晶粒缓慢形核,与 AlN 纳米粒子有效沉积速率降低,在一定施镀时间内,AlN 纳米粒子复合量较少,影响镀层表面质量。综合其他参数数值,本书设定的极间距有效范围为 4~14 mm。

在实际生产中,为了确保获得高质量的脉冲-喷射电沉积镍基 AlN 纳米复合镀层,应进行试验优化,以确定最佳的镀液成分和施镀参数组合。本书 7.3 节采用正交试验法进行了相关研究。

配制脉冲-喷射电沉积镍基 AlN 纳米仿生镀层所需复合镀液的具体步骤如下:

(1)将 AlN 纳米粒子与十二烷基硫酸钠置于一定量的蒸馏水中混合,并利用磁力搅拌器对混合溶液进行搅拌(搅拌速率为 150 r/min,搅拌时间为 10 min)。然后,将混合溶液置于超声波发生器进行超声搅拌(超声波功率为 200 W,搅拌时间为 10 min)。

(2)按照表 2.3 进行复合镀液的配制,并将含有 AlN 纳米粒子的混合溶液与镀液混合,从而配制出制备镍基 AlN 纳米仿生镀层的复合镀液。

(3)将复合镀液倒入超声波发生器中,按照表 2.4 镀液及施镀参数进行控制,利用超声波对复合镀液进行超声搅拌处理,超声波功率为 300 W,搅拌时间为 20 min。

(4)根据前文 pH 控制方法调节复合镀液的 pH 至适宜范围;根据需要,在复合镀液中添加适量的稳定剂和表面活性剂,以保持镀液的稳定性和润湿性;使用滤纸去除溶液中的杂质和颗粒物;镀液配制完成后,对其进行镍基 AlN 纳米仿生镀层制备测试,以确保符合要求。

2.2.4　脉冲-喷射电沉积实验装置

图 2.10 为本书所述脉冲-喷射电沉积实验装置,该装置主要由脉冲电源、伺服系统、超声波发生器、流量计等部分组成。其中,脉冲电源分别为电沉积的阴极和阳极提供脉冲电流;伺服系统主要控制阳极镍喷嘴在 X 和 Y 方向上的任意移动;超声波发生器能够控制并保持复合镀液温度;流量计主要用来对复合镀液的流量进行实时监控,以便计算镀液的流速和流量等参数。在进行脉冲-喷射电沉积镍基 AlN 纳米仿生镀层时,首先将阳极喷嘴与脉冲电源正极相连,阴极试件与脉冲电源负极相连;其次,向超声波发生器容器内加入已配制好的复合镀液,并将试件固定在绝缘基底上,调节循环泵的相关参数;最后,打开电源让复合镀液经阳极镍喷嘴

喷射到阴极试件基体上，最终在阴极试件表面形成镍基 AlN 纳米仿生镀层。

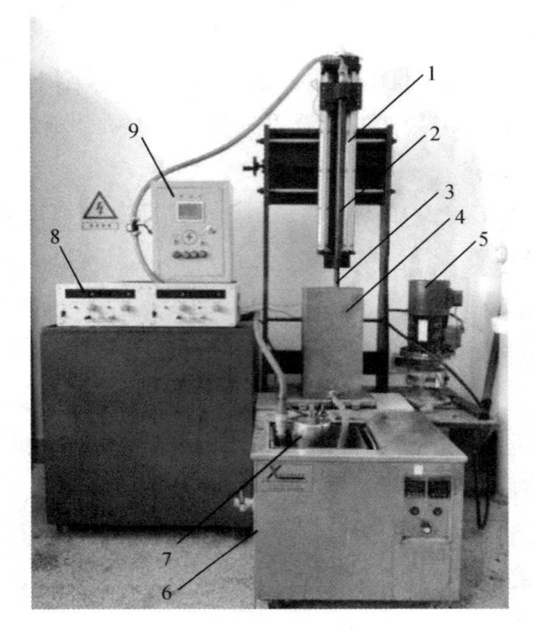

1—伺服系统；2—导管；3—镍喷嘴（阳极）；4—镀液箱；5—搅拌电机；
6—超声波发生器；7—循环泵；8—脉冲电源；9—流量计。

图 2.10　脉冲–喷射电沉积实验装置实物图

2.2.5　镍基 AlN 纳米仿生镀层的制备工艺流程

脉冲–喷射电沉积是在脉冲电沉积和喷射电沉积技术上发展起来的，它具备脉冲电沉积和喷射电沉积的共同优势，而喷射电沉积技术是在传统电沉积技术基础上发展起来的电化学加工技术，故脉冲–喷射电沉积制备镍基 AlN 纳米仿生镀层工艺流程与传统电沉积类似，如图 2.11 所示。首先，利用 JDLVM400E A6 型数控激光雕刻机对试件进行仿生结构加工。其次，对仿生结构试件进行预处理。然后，采用脉冲–喷射电沉积方法，在试件表面制备镍基 AlN 纳米仿生镀层。在脉冲–喷射电沉积实验结束后，清洗试件表面，并对其进行烘干和称重处理。最后，将试件进行干燥和保存处理，以待对其进行表面形貌、微观组织、相组成及其性能测试等研究。

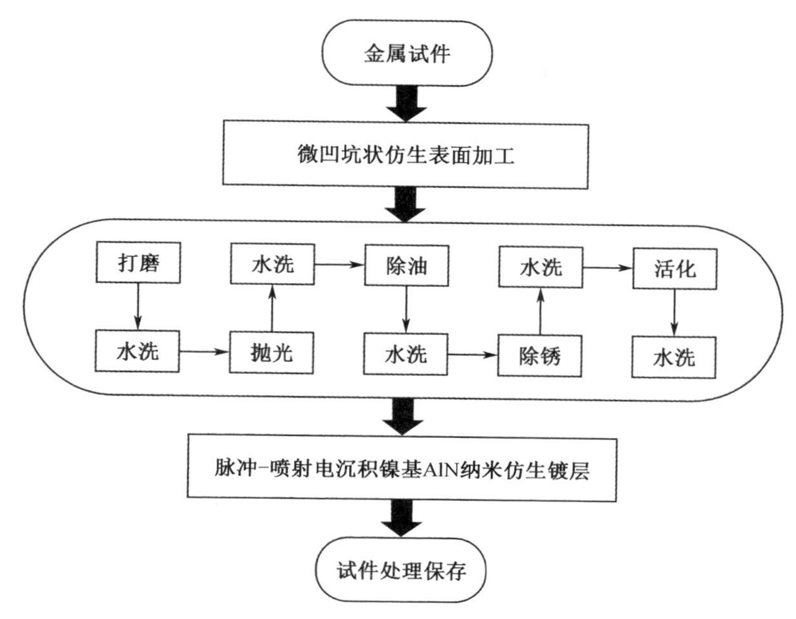

图 2.11　脉冲-喷射电沉积镍基 AlN 纳米仿生镀层工艺流程

2.3　本章小结

镍基 AlN 纳米仿生镀层的制备对象为机械设备零部件，而仿生表面加工过程着眼于自然界中的生物体表所特有的结构。通过相关问题研究，本章得到如下结论：

(1)根据蜣螂体表的减阻耐磨特性和微凹坑结构特点，采用 Matlab 软件建立了仿生微凹坑结构模型，并对结构主要参数关系进行了分析。得到微凹坑的最优结构参数数值范围：微凹坑直径应控制在 100~300 μm，微凹坑间距应控制在 200~400 μm。利用国产 JDLVM400E A6 型数控激光雕刻机对仿生试件进行加工，得到高精度和高表面质量的待测试件。

(2)通过分析 AlN 纳米微粒与基质金属镍离子的共沉积过程，指出本书研究采用脉冲-喷射电沉积的方法制备镍基 AlN 纳米仿生镀层。选取机械零部件常用钢材(45 钢)作为阴极材料，选用纯镍棒和镍喷嘴作为阳极材料，选用纯度高于 99 wt. %的 AlN 纳米粒子作为镍基纳米镀层的增强相粒子，自主研发配方制备复合镀液，利用自行研制脉冲-喷射电沉积实验装置制备镍基 AlN 纳米仿生镀层。

第3章　镍基 AlN 纳米仿生镀层组织结构表征方法

表征是指通过信息记载或其他方式,将某些实体或某类信息表达清楚的形式化系统。所谓镀层的表征是指在材料分析的基础上进行的一系列的分析或测试,并用文字、图像、模型等解释和说明镀层中隐含的内在结构和特性,从而得到一种描述或解释,并获得镀层的微观结构、组成成分、增强相粒子复合量、显微硬度、耐磨性能、耐腐蚀性能等详细信息。针对镍基 AlN 纳米仿生镀层的特点,本章主要介绍镍基 AlN 纳米仿生镀层的组织结构表征技术。

3.1　镍基 AlN 纳米仿生镀层的 SEM 检测

扫描电子显微镜(scanning electron microscope,SEM),简称扫描电镜,是一种多功能的电子显微分析仪器。其分辨率小于 6 nm,成像立体感强、视场大,主要用于观察纳米微粒的形貌及其在基体中的分布情况,可观察到团聚体大小在 1 μm 左右、近似于立方体的微粒图像、可提供反映元素分布的 X 射线像、反映 PN 结性能的感应电动势像等。

扫描电子显微镜的二次电子像的分辨率可达 30~60 Å①,放大倍数从 10 倍到几十万倍连续可调,既可观察低倍成像,又可观察高倍成像,而透射电子显微镜只适合观察高倍成像。扫描电子显微镜有很大的景深(比光镜大 100~500 倍,比透射电子显微镜大 10 倍)。扫描电子显微镜图像的三维立体感强,由于其成像过程是时间的函数,所以可方便地进行图像信息处理,改善成像质量(这是光镜和透射电子显微镜做不到的)。另外,扫描电子显微镜可配有波谱(WDS)与能谱(EDS),可在观察形貌的同时进行微小区域的成分分析。

---

① Å,埃米,1 Å = 10^{-10} m。

3.1.1　扫描电子显微镜的工作原理

扫描电子显微镜的工作原理示意图如图3.1所示。电子枪发出的电子束经过栅极静电聚焦后成为50 μm的点光源,然后在加速电压(2~30 kV)作用下,经2~3个透镜组成的电子光学系统聚成几十埃米的电子束聚焦到样品表面进行扫描。高能电子束与试样物质的相互作用产生各种信号(二次电子、背反射电子、吸收电子、X射线、俄歇电子、阴极发光和透射电子等),这些信号是分析研究试样表面状态及其性能的重要依据。以上信号被相应的接收器接收,经放大器放大后送到显像管(CRT)的栅极上。由于扫描线圈的电流与CRT偏转同步,因此表面任意点的发射信号与显像管荧屏上的亮度一一对应。试样表面由于形貌不同,对应于许多不相同的单元(像元),它们被电子束轰击后,能发出为数不等的二次电子、背反射电子等信号,依次从各像元检出信号,再一一送出去,从而得到所要的试样信息。

3.1.2　样品制备

扫描电子显微镜是通过接收从样品中“激发”出来的信号而成像的,它不要求电子透过样品,可以使用块状样品,故扫描电子显微镜的样品制备比透射电子显微镜的样品制备简单。扫描电子显微镜主要用于测试块状材料的表面形貌和对样品表面进行化学成分分析。表面形貌观察的一个主要应用是看断口的形貌,根据断裂面的形貌,可观察材料的晶界(小角或大角)、有无范性形变,并进行塑性评价。

观察断口的形貌,只要将样品折断(不可将断口磨平,否则将破坏断面面),将断面放到扫描电子显微镜下观察即可。扫描电子显微镜样品可以是粉末状的,也可以是块状的,只要能放到扫描电子显微镜样品台上即可(样品可大到100 mm)。

导电样品不需要特殊制备,可直接放到扫描电子显微镜下观察。非导电样品,在扫描电子显微镜观察时,电子束打在试样上,多余的电荷不能流走,形成局部充电现象,干扰了扫描电子显微镜的观察。为此要在非导体材料表面喷涂一层导电物质,涂层厚度为0.01~0.1 μm,并使喷涂层与试样保持良好接触,使累积的电荷流走。为了减少充电现象,还可采用降低工作电压的方法,一般用1.5 kV可消除充电现象。

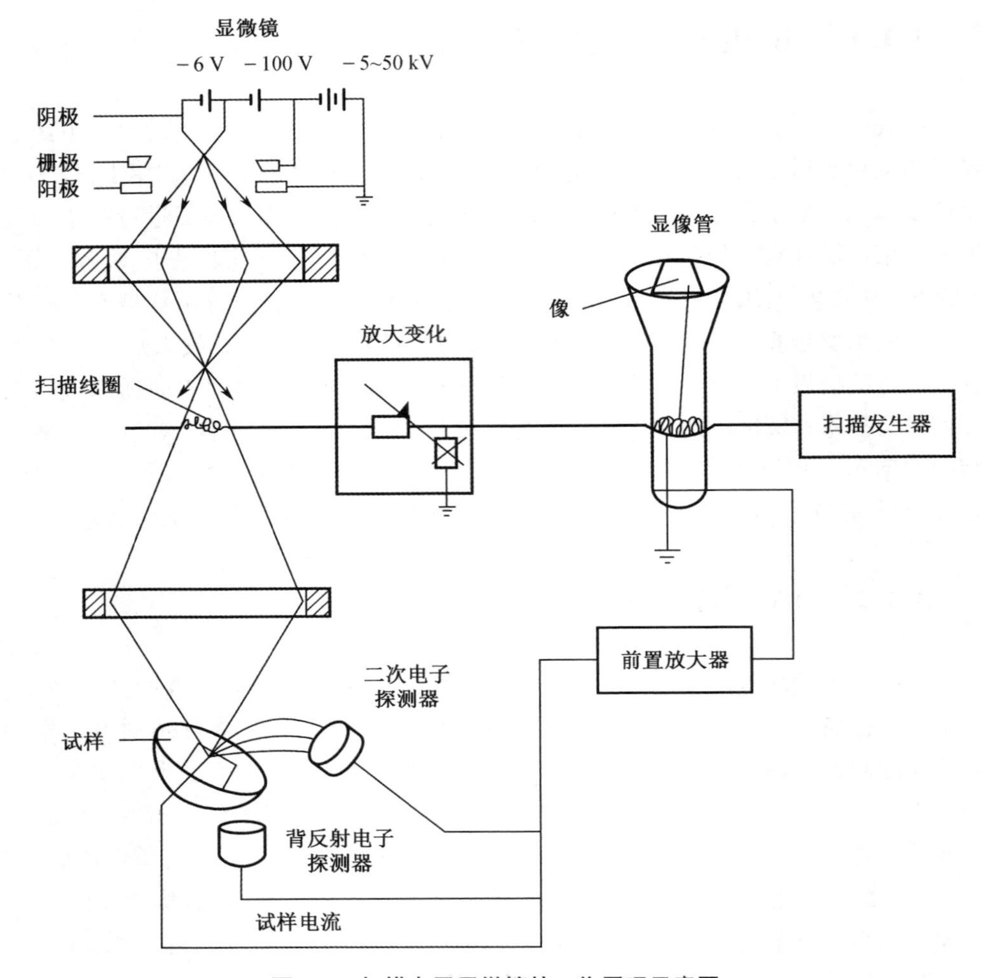

图 3.1　扫描电子显微镜的工作原理示意图

3.1.3　设备选用及参数设定

本书采用美国 FEI 公司生产的 Quanta 450 FEG 型扫描电子显微镜对镍基 AlN 纳米仿生镀层的微观形貌进行观察,使用该扫描电子显微镜自带的能谱仪测定镍基 AlN 纳米仿生镀层的组分及含量。SEM 的技术指标为:二次电子探头≤3 nm(30 kV,SE),加速电压为 300 V~30 kV,最低倍率为 5 倍,最高倍率为 300 000 倍。

3.2 镍基 AlN 纳米仿生镀层的 TEM 检测

透射电子显微镜(transmission electron microscope,TEM),简称透射电镜,是一种高分辨率、高放大倍数的显微镜,目前其分辨力可达 0.2 nm。透射电子显微镜是研究和观察纳米材料结晶情况、粒子形貌、分布状况、测量粒径的常用方法。

3.2.1 透射电子显微镜的工作原理

透射电子显微镜在成像原理上与光学显微镜类似,它们的不同点在于光学显微镜以可见光为照明束,透射电子显微镜则使用电子束为照明束。在光学显微镜中将可见光聚焦成像的是玻璃透镜,在电子显微镜中则相应地为磁透镜。由于电子波长极短,同时与物质作用服从布拉格(Bragg)定律,产生衍射现象,使得透射电子显微镜在具有很高的像分辨能力时,同时兼有结构分析的功能。

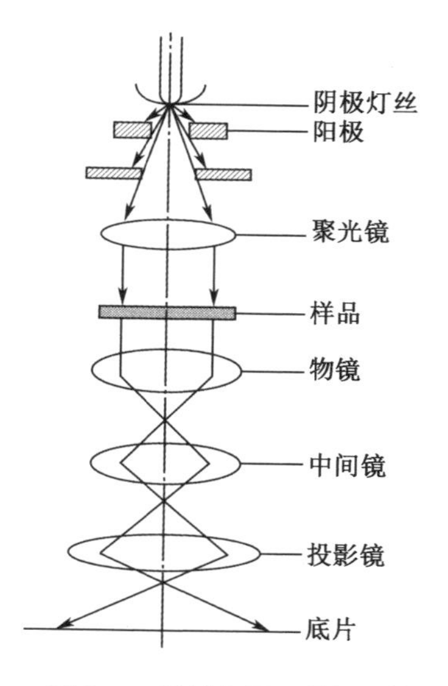

图 3.2　透射电子显微镜的工作原理示意图

透射电子显微镜的工作原理示意图如图 3.2 所示。透射电子显微镜由电子枪发射出的电子,在阳极加速电压(生物样品多采用 80~100 kV,金属、陶瓷等多采用 120 kV、200 kV、300 kV,超高压电镜则高达 1 000~3 000 kV)的作用下,经过聚光镜(2~3 个电磁透镜)会聚为电子束照明样品。电子的穿透能力很弱(比 X 射线弱很多),样品必须很薄(其厚度与样品成分、加速电压等有关,一般小于 20 nm)。穿过样品的电子携带了样品本身的结构信息,经物镜、中间镜和投影镜的接力聚焦放大,最终以图像或衍射谱的形式显示于荧光屏上。

3.2.2 样品制备

透射电子显微镜的样品制备是一项较复杂的技术，它对能否得到清晰的透射电子显微镜图像或衍射谱是至关重要的。透射电子显微镜是利用样品对入射电子的散射能量的差异而形成衬度的，这要求制备出对电子束“透明”的样品，并要求保持高的分辨率和不失真。

电子束穿透固体样品的能力主要取决于加速电压、样品的厚度以及物质的原子序数。一般来说，加速电压越高，原子序数越低，电子束可穿透的样品厚度就越大。对于 100~200 kV 的透射电子显微镜来说，要求样品的厚度为 50~100 nm；做透射电子显微镜高分辨像，样品厚度要求约 150 Å（越薄越好）。透射电子显微镜样品可分为粉末样品、薄膜样品、金属试样的表面复型。不同的样品有不同的制备手段，下面分别介绍粉末样品和上薄膜样品的制备过程。

（1）粉末样品

因为透射电子显微镜样品的厚度一般要求在 100 nm 以下，如果样品大于 100 nm，则先要用研钵把样品的尺寸磨到 100 nm 以下，然后将粉末样品溶解在无水乙醇中，用超声波分散的方法将样品尽量分散，然后用支持网捞起即可。但这种情况下测得的粒径往往是团聚体的粒径，这是因为在超声波分散过程中很难保证使粉末分散成一次颗粒，特别是纳米粉末很难分散，导致在铜网上会存在一些未分散的团聚体，在观察时容易将团聚体误认为是颗粒。

（2）薄膜样品

绝大多数的 TEM 样品是薄膜样品。薄膜样品可做静态观察，如金相组织、析出相形态、构成分布、结构及与基体取向关系、位错类型、分布、密度等；也可做动态原位观察，如相变、形变、位错运动及其作用。制备薄膜样品可分为以下四个步骤：

①将样品切成薄片（厚度为 100~200 μm），对韧性材料（如金属），用线锯将样品割成小于 200 μm 的薄片；对脆性材料（如 MgO）可用刀将其解理，或用金刚石圆盘锯将其切割，或用超薄切片法直接切割。

②切割成 3 mm 的圆片。用超声铣削方法，将薄圆片从材料薄片上切下来。

③预减薄。使用凹坑减薄仪可将薄圆片磨至 10 μm 厚，用研磨机磨（或使用砂纸）可磨至几十微米。

④终减薄。对导电的样品如金属，采用电解抛光法。该方法速度快，没有机械损伤但可能改变样品的表面电子状态，使用的化学试剂可能对人体有害。

对非导电样品(如陶瓷)来说,通常采用离子减薄。用离子轰击样品表面,使样品材料溅射出来,以达到减薄的目的。离子减薄要调整电压、角度,选用适合的参数,如果参数选得好,减薄速度则快。离子减薄会产生热,使样品温度升至 100～300 ℃,故最好用液氮冷却样品。样品冷却对不耐高温的材料是非常重要的,否则材料会发生相变;样品冷却还可以减少污染和表面损伤现象。离子减薄是一种普遍适用的减薄方法,可用于陶瓷、复合物、半导体、合金、界面样品,甚至纤维和粉末样品也可以使用离子减薄法(把它们用树脂拌和后,装入 3 mm 金属管,切片后再离子减薄)。对于软的生物和高分子样品,可用超薄切片法将样品切成小于 100 mm 的薄膜。这种技术的特点是样品的化学性质不会改变,缺点是会引起形变。

3.2.3　设备选用及参数设定

本书利用日本日立高新技术公司生产的 HT7700 型透射电子显微镜观察镍基 AlN 纳米仿生镀层的微观组织结构。TEM 的技术指标为:分辨率为 0.204 nm,加速电压为 40～120 kV,最大放大倍数为 600 000 倍。

3.3　镍基 AlN 纳米仿生镀层的 AFM 检测

原子力显微镜(AFM)是由扫描隧道显微镜(STM)的发明者之一葛宾尼博士与其合作者共同发明的,他们因此获得了 1986 年的诺贝尔物理学奖。这种新型的表面分析仪器是靠探测针尖与样品表面微弱的原子间作用力的变化来观察表面结构的。由于许多实用的材料或感光样品是不导电的,因此原子力显微镜的出现引起了科学界的普遍重视。

透射电子显微镜只能在横向尺度上测量纳米微粒、纳米结构的尺度,对纵深方向上的尺度检测则无能为力,而原子力显微镜在三维方向上均可以检测纳米微粒的尺度。原子力显微镜的横向分辨率可达 2 nm,纵向分辨率为 0.01 nm,超过扫描隧道显微镜,且原子力显微镜实验可以在大气、超高真空、溶液以及反应性气氛等各种环境中进行。

原子力显微镜除了可以研究各种材料的表面结构外,还可以研究材料的硬度、弹性、塑性等力学性能以及表面微区摩擦性质;也可用于操纵分子、原子,进行纳米尺度的结构加工和超高密度信息存储。

原子力显微镜利用微悬臂感受和放大悬臂上尖细探针与受测样品原子之间的作用力，从而达到检测的目的，具有原子级的分辨率。由于原子力显微镜既可以观察导体，也可以观察非导体，从而弥补了扫描隧道显微镜的不足。原子力显微镜发明的目的是为了使非导体也可以采用类似扫描探针显微镜（SPM）的观测方法。原子力显微镜与扫描隧道显微镜最大的差别在于其并非利用电子隧穿效应，而是检测原子之间的接触、原子键合、范德瓦耳斯力或卡西米尔效应等来呈现样品的表面特性。

3.3.1 原子力显微镜的工作原理

原子力显微镜的工作原理示意图如图 3.3 所示。原子力显微镜安装有一个对力非常敏感的微悬臂，其尖端有一微小的探针，当探针轻微地接触样品表面时，由于探针尖端的原子与样品表面的原子之间产生极其微弱的相互作用而使微悬臂弯曲。将微悬臂弯曲的形变信号转换成光电信号并进行放大，就可以得到原子之间的微弱的变化信号。从这里可以看出，原子力显微镜探针的高明之处在于其利用微悬臂间接地感受和测量原子之间的作用力，从而达到检测的目的。

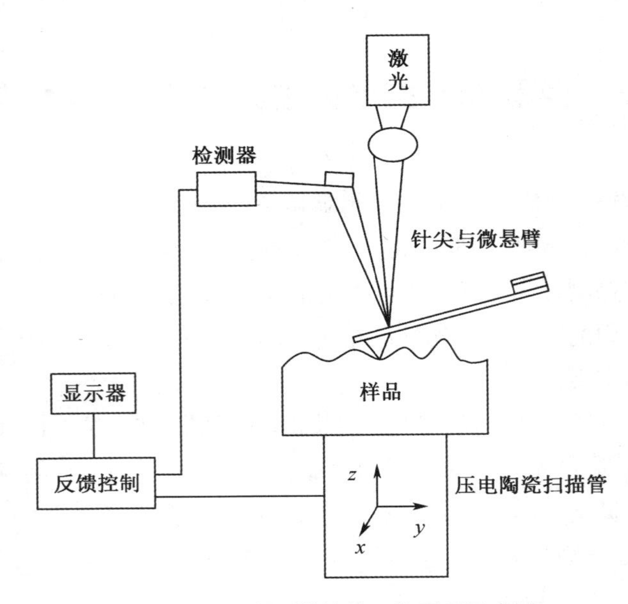

图 3.3　原子力显微镜的工作原理示意图

3.3.2　样品制备

原子力显微镜技术可以在大气、高真空、液体等环境中检测导体、半导体和绝缘体样品以及生物样品的形貌、尺度与力学性能等材料的特性，使用范围很广。

原子力显微镜的样品制备简单，一般要求纳米粉体材料应尽量以单层或亚单层形式分散并固定在基片上。另外，在制备样品时，应该注意以下三点：

(1)选择合适的溶剂和分散剂将粉体材料制成稀的溶胶，必要时采用超声波分散以减少纳米微粒的聚集，以便均匀地分散在基片上。

(2)根据纳米微粒的亲疏水特性、表面化学特性等选择合适的基片。常用的有云母、高序热解石墨(HOPG)、单晶硅片、玻璃、石英等。如果要详细地研究粉体材料的尺度、形状等性质，就要尽量选取表面原子级平整的云母、HOPG 等作为基片。

(3)样品尽量牢固地固定到基片上，必要时可以采用化学键合、化学特定吸附或静电相互作用等方法。如纳米金微粒，用双硫醇分子作连接层可以将其固定在镀金基片上，在 350 ℃时烧结也可以把纳米金微粒有效地固定在某些半导体材料表面上。

3.3.3　设备选用及参数设定

本书利用国产的 MicroNano AFM－Ⅲ型原子力显微镜对镍基 AlN 纳米仿生镀层表面进行观察，以获取镀层的表面粗糙度、表面形貌、晶粒尺寸等相关信息。AFM 的技术指标为：STM 恒流/恒高扫描模式，$I-Z/I-V$ 曲线测量，AFM 接触/横向力/轻敲模式，微悬臂梁长度为 200 μm，探针为氮化硅探针，力常数为 0.12 N/m。

3.4　镍基 AlN 纳米仿生镀层的 XRD 检测

1895 年，德国物理学家伦琴发现了具有特别强穿透力的 X 射线。后来，巴克拉、劳厄布拉格等又进一步对 X 射线做了深入研究。X 射线衍射用于晶体结构的分析，对于促进 20 世纪物理学以至整个科学技术的发展产生了巨大而深远的影响。同时，X 射线在纳米材料的分析研究上也显示出重要的应用前景。X 射线衍射是测量纳米材料的常用手段，它不仅可以确定试样的物相及相含量，还可以提供纳米材料晶粒度的分析数据。

X 射线是波长为 0.05~0.25 nm 的电磁波,具有很强的穿透能力。在实际应用中,X 射线通常是利用一种类似热阴极二极管的装置获得的。X 射线管由阳极靶和阴极灯丝组成,两者之间加有高电压,并置于玻璃金属管壳内。高速运动的热电子碰撞到阳极靶上,动能突然消失,电子的动能一般仅有 1%的能量会转化成 X 射线。常用的阳极靶材料有 Cr、Fe、Co、Ni、Cu、Mo、Ag、W 等高熔点金属。对于大功率 X 射线衍射仪来说,其阳极通常选用旋转阳极靶,功率可以达到几十千瓦。

3.4.1 X 射线衍射的工作原理

X 射线衍射的工作原理示意图如图 3.4 所示。其工作过程是:X 射线管发出单色 X 射线照射到片状试样上,产生的衍射线光子用辐射探测器接收,经检测电路放大处理后在显示或记录装置上给出精确的衍射数据和谱线,这些衍射信息可作为各种 X 射线衍射分析应用的原始数据。

通过利用 X 射线在晶体中产生的衍射现象,我们可以研究晶体结构的各类问题。晶体内各原子呈周期排列,所以各原子散射波之间也存在固定的位相关系,从而产生干涉作用,在某些方向上发生相长干涉,即形成衍射波。衍射波具有两个基本特征:衍射线在空间的分布规律(衍射方向)和衍射强度。衍射线的分布规律是由晶胞的大小、形状和位向决定的,而衍射强度则取决于原子在晶胞中的位置、数量和种类。

(1)X 射线的衍射方向

衍射方向的问题实际上就是衍射条件的问题。当波长为 λ 的入射束分别照射到处于相邻晶面的两个原子上时,晶面间距为 d,在与入射角 θ 相等的反射方向产生其散射线。当光程差 δ 等于波长的整数倍 n 时,光线就发生干涉加强的现象,即发生衍射。因此,晶粒的衍射条件可以用布拉格方程描述,即 $2d\sin\theta=n\lambda$。

①选择反射

X 射线在晶体中的衍射实质上是晶体中各原子散射波之间的干涉结果,只是由于衍射线的方向恰好等于原子面对入射线的反射,所以才借用镜面反射规律来描述 X 射线的衍射几何特征。在此,我们必须注意的是 X 射线的原子面反射和可见光的镜面反射不同。一束可见光以任意角度透射到镜面上时都可以产生反射,而原子面对 X 射线的反射并不是任意的,只有当 λ、θ 和 d 三者之间满足布拉格方程时才能发生反射,所以将 X 射线的这种反射称为选择反射。

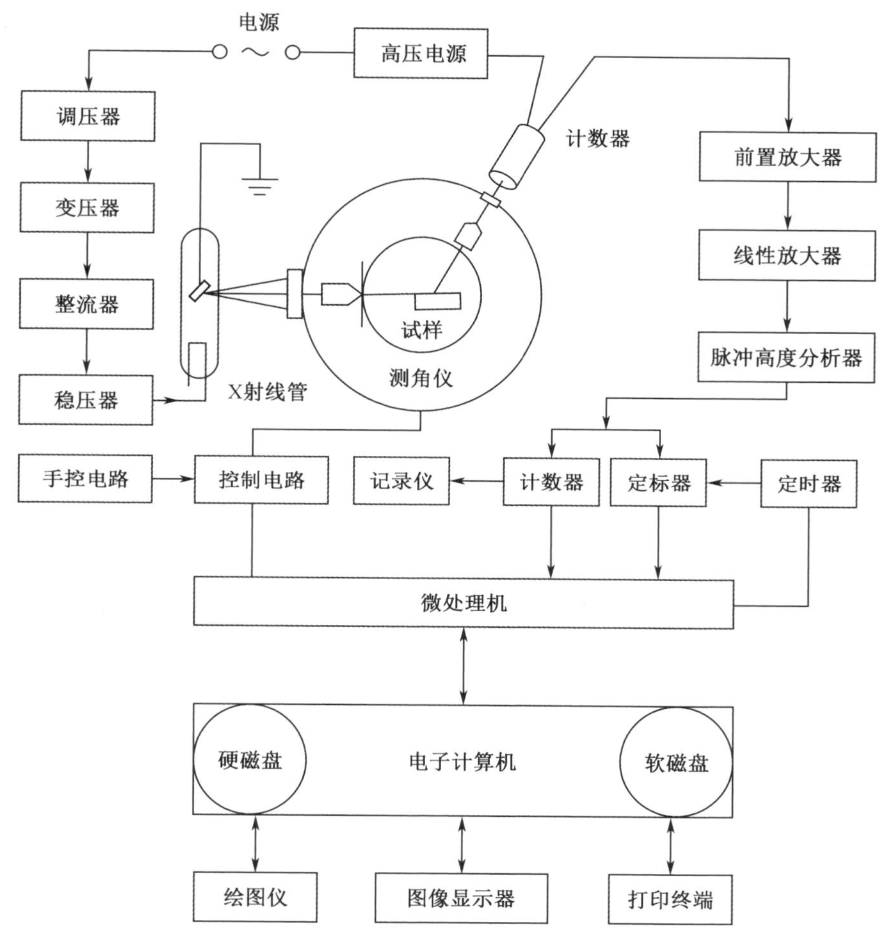

图 3.4　X 射线衍射的工作原理示意图

②产生衍射的极限条件

由于 $\sin\theta$ 不能大于 1，因此 $n\lambda/(2d)=\sin\theta\leqslant1$，即 $n\lambda\leqslant2d$。对衍射而言，n 的最小值为 1（若 $n=0$ 时，相当于透射方向上的衍射线束无法观测），所以在任意可观测衍射角下，产生的衍射条件为 $\lambda<2d$。也就是说，能够被晶体衍射的电磁波的波长必须小于参加反射的晶体中最大面间距的 2 倍，否则不会产生衍射。当 X 射线的波长一定时，晶体中有可能参加反射的晶面族是有限的，它们必须满足 $d>\lambda/2$，即只有晶面间距大于入射 X 射线波长一半的晶面才能发生衍射。因此，可以用这个关系来判断一定条件下可以出现的衍射数目。

③衍射级数

n 为整数,称为衍射级数。若 $n=1$,则晶体的衍射称为一级衍射;若 $n=2$,则晶体的衍射称为二级衍射;依此类推。布拉格方程把晶体周期性的物点 d、X 射线的本质 λ 与衍射规律 θ 结合起来,利用衍射实验只要知道其中两个,就可以计算出第三个。在实际工作中有两种使用此方程的方法。第一种方法是:已知 λ,在实验中测定 θ,计算 d,可以确定晶体的周期结构,这是晶体结构分析。第二种方法是:已知 d,在实验中测定 θ,计算 λ,可以研究产生 X 射线的特征波长,从而确定该物质是由何种元素组成,含量是多少,这是 X 射线波谱分析。

(2) X 射线的衍射强度

根据布拉格方程,在 λ 一定时,对于一定晶体而言,θ 与 d 值有一一对应关系。在研究衍射方向时,是把晶体看成理想完整的,但实际晶体并非如此,即使一个小的单晶体也会有亚结构存在,它们是由许多位相差很小的亚晶块组成。

另外,实际的 X 射线也并非严格单色,也不严格平行,使得晶体中稍有位相差的各个亚晶块就有可能满足衍射条件,在 $0\sim2\theta$ 范围内发生衍射,从而使衍射强度并不集中于布拉格角 θ 处,而是有一定的角分布。因此,衡量晶体衍射强度要用积分强度的概念。在对多晶体进行 X 射线衍射分析时,影响多晶体某一晶面衍射强度的因素有很多。因此,测试件必须保持相对一致,否则会产生很大的误差。

3.4.2 样品制备

在 X 射线衍射分析中,样品的制备工艺对衍射结果的影响很大。因此,通常要求样品无优取向(晶粒不沿某一特定的晶向规则地排列),而且在任何方向中都应有足够数量的可供测量的结晶颗粒。

(1)粉体样品的制备

由于样品的颗粒度对 X 射线的衍射强度以及重现性有很大的影响,因此制样方式对物相的定量也存在较大的影响。一般来说,样品的颗粒越大,则参与衍射的晶粒数就越少,而且还会产生初级消光效应,使得强度的重现性较差。为了达到样品的重现性要求,一般要求粉体样品的颗粒度大小在 0.1~10 μm。此外,当测定吸收系数大的样品时,参加衍射的晶粒数减少,也会使重现性变差。因此,在选择参比物质时,应尽可能选择结晶完好、晶粒小于 5 μm、吸收系数小的样品,如 MgO、Al_2O_3、SiO_2 等。一般可以采用压片、胶带粘以及石蜡分散的方法进行制样。由于 X 射线的吸收与其质量密度有关,因此要求样品制备均匀,否则会严重影响测定结果。

(2)薄膜样品的制备

对于薄膜样品来说,在对其进行 X 射线分析时,需要注意薄膜的厚度。由于 X 射线分析的穿透能力很强,一般适合比较厚的薄膜样品的分析。因此,在薄膜样品制备时,要求样品具有比较大的面积,薄膜比较平整或表面粗糙度要小,这样获得的结果才具有代表性。

(3)特殊样品的制备

对于样品量比较少的粉体样品,一般可采用分散在胶带纸上黏结或分散在石蜡中形成石蜡糊的方法进行分析。这就要求样品尽可能分散均匀,而且每次分散量尽量相同,这样才能保证测量结果的重复性。

对于一些不宜研碎的样品,可先将其锯成与窗孔大小一致的试样。然后,磨平试样的一面,再用橡皮泥或石蜡将其固定在窗孔内。对于片状、纤维状或薄膜样品也可类似地直接固定在窗孔内,但必须保证固定在窗孔内的样品表面与样品板平行。

3.4.3　设备选用及参数设定

本书采用日本产岛津 XRD-7000 型 X 射线衍射仪(XRD)对镍基 AlN 纳米仿生镀层进行物质定性分析。XRD 的技术指标为:Cu 靶 Kα 辐射,扫描角度为 −6°~132°,X 射线发生功率为 2 kW,扫描步长为 0.02°,扫描速度为 4 °/min。

3.5　镍基 AlN 纳米仿生镀层的 EDS 检测

X 射线能谱仪(energy dispersive spectrometer,EDS)是用来对材料微区成分元素种类与含量进行分析的一种仪器,需配合扫描电子显微镜与透射电子显微镜使用。

3.5.1　X 射线能谱仪的工作原理

各种元素均具有自己的 X 射线特征波长,特征波长的大小取决于能级跃迁过程中释放出的特征能量 ΔE。在 X 射线分析仪器中,能谱仪可利用不同元素 X 射线光子特征能量不同这一特点来进行成分分析。利用能谱仪能快速、同时对各种试样元素进行定性和定量分析,其对试样与探测器的几何位置要求低。

X 射线能谱仪的工作原理示意图如图 3.5 所示。当 X 射线光子进入检测器后,在 Si(Li)晶体内激发出一定数目的电子空穴对。产生一个空穴对的最低平均能量 ε 是一定的(在低温下平均为 3.8 eV),而由一个 X 射线光子造成的空穴对的数目为 $N=\Delta E/\varepsilon$,因此,入射 X 射线光子的能量越高,N 就越大。利用加在晶体两端的偏压收集电子空穴对,经过前置放大器转换成电流脉冲,电流脉冲的高度取决于 N 的大小。电流脉冲经过主放大器转换成电压脉冲进入多道脉冲高度分析器,脉冲高度分析器按高度把脉冲分类进行计数,这样就可以描出一张 X 射线按能量大小分布的图谱。

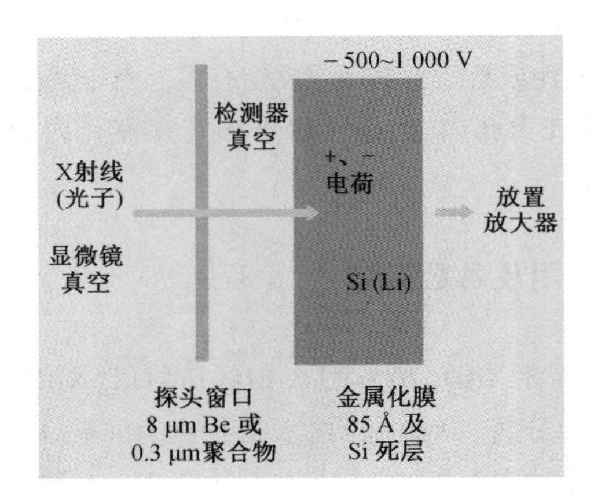

图 3.5 X 射线能谱仪的工作原理示意图

3.5.2 设备选用及测试过程

本书利用 Quanta 450 FEG 型扫描电子显微镜对镍基 AlN 纳米仿生镀层的表面形貌进行观察,利用其附带的 X 射线能谱仪对纳米仿生镀层的元素种类和含量进行测定。在测定镍基 AlN 纳米仿生镀层的 AlN 纳米粒子复合量时,选取同一镀层试样上任意五点的 EDS 能谱测试数据,求得镀层中 Ni 元素与 Al 元素的质量百分含量,并根据式(3.1)计算镍基 AlN 纳米仿生镀层中 AlN 纳米粒子的复合量。

$$W_{AlN}=\frac{M_{AlN}}{M_{Al}}\times W_{Al} \tag{3.1}$$

式中　W_{AlN}——镍基 AlN 纳米仿生镀层中 AlN 纳米粒子的质量分数，wt. %；
M_{AlN}——AlN 的分子量，Da；
M_{Al}——Al 的分子量，Da；
W_{Al}——镍基 AlN 纳米仿生镀层中 Al 元素的质量分数，wt. %。

3.6　本章小结

本章论述了镍基 AlN 纳米仿生镀层组织结构表征所采用的仪器设备和方式方法，包括仪器设备的工作原理、样品制备方法以及参数设定等内容。通过这些仪器设备的使用，可以实现对镍基 AlN 纳米仿生镀层的减阻耐磨和耐腐蚀性能的分析，详见第 8 章和第 9 章内容所述内容。

第4章　镍基 AlN 纳米仿生镀层性能测试分析方法

纳米镀层的性能测试分析主要是指对其进行物理和化学性能测试分析。物理性能测试分析包括纳米镀层的力、热、光、电、磁等性能的测试分析;化学性能测试分析包括纳米镀层的化学反应、化学性质等性能的测试分析。本章主要介绍镍基 AlN 纳米仿生镀层的显微硬度、结合力、孔隙率、耐磨和耐腐蚀性能的测试分析技术。

4.1　镍基 AlN 纳米仿生镀层显微硬度测试

硬度是检测金属材料的一项重要力学性能指标,因它能反映出材料在化学成分、组织结构和处理工艺上的差异,已成为力学性能实验中快速、经济和常用的方法。由于显微硬度能够准确地反映材料的弹性和塑形变形性能,所以对纳米复合镀层进行硬度测试时,通常使用显微硬度计。利用显微维氏硬度计对试件进行硬度测试时,试件表面基本不会被破坏。同时,该硬度计的操作简便、测量速度较快,可对不同形状和尺寸的试件(微小、薄型、脆硬试件)进行测量。

显微维氏硬度计主要由测微目镜、硬度计主机和相关附件组成。其中,测微目镜用于观测金相和显微组织,测量对角线长度,并采集测试数据;硬度计主机用来完成目镜与压头的转换,并在需要测量部位上施加载荷。维氏硬度计测定镀层硬度的基本原理示意图如图 4.1 所示。当载荷施加完毕后,试样表面就会残留一个底面为正方形的四棱锥压痕。通过目镜可测量出压痕的对角线长度,进而计算出试件表面压痕的面积,并利用式(4.1)计算出试件的显微硬度值。

$$HV = 0.102\frac{F}{S} = 0.102\frac{2F\sin(\theta/2)}{d^2} = 1.854\,4\frac{F}{d^2} \tag{4.1}$$

式中　HV——试件的维氏硬度,HV;

F——加载载荷,N;

S——试件压痕的锥形表面积,mm^2;

d——试件压痕对角线的平均长度,mm;

θ——压头两相对面的夹角,(°)。

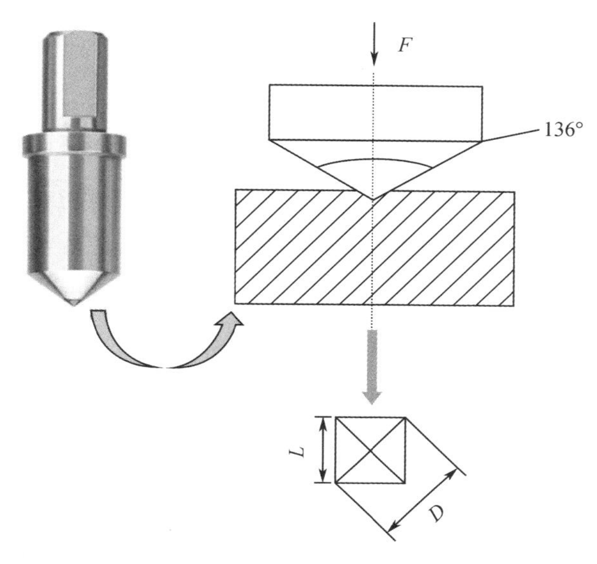

图 4.1　维氏硬度计测定镀层硬度的基本原理示意图

本书采用北京金洋万达科技有限公司生产的 HV-1000 型显微维氏硬度计测量镍基 AlN 纳米仿生镀层的显微硬度，该显微维氏硬度计的实物如图 4.2 所示。镀层显微硬度的测试方法为：首先，将镀层试件置于 HV-1000 型显微维氏硬度计工作台上，施加 1 N 的载荷，并保证施载时间为 15 s。其次，卸掉载荷，取下试件，利用式(4.1)计算出镍基 AlN 纳米仿生镀层的显微硬度值。最后，依次在试样表面任选四点，按照上述测试步骤对试件进行显微硬度的测试，取其平均值作为镍基 AlN 纳米仿生镀层的显微硬度值。

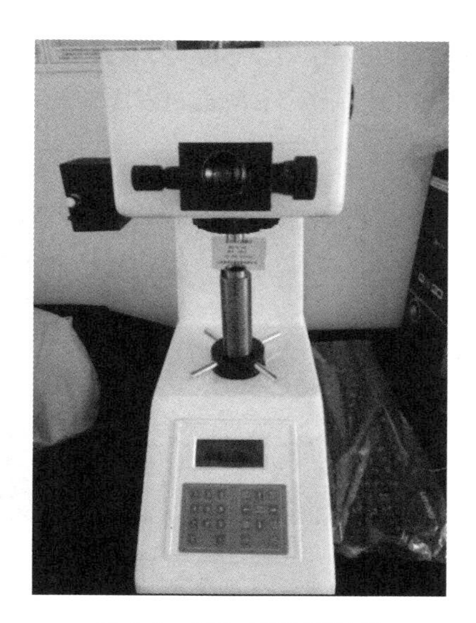

图 4.2　HV-1000 型显微维氏硬度计

在利用显微维氏硬度计对试样进行硬度测试时，需要注意以下几点要求：

(1)压痕中心到试样边缘的距离或两相邻压痕中心之间的距离，应不小于 2 倍的压痕对角线长度；

(2)测试矿物时，上述距离应不低于 5 倍的压痕对角线长度；

(3)试样厚度应不小于压痕对角线长度的 1.5 倍。

4.2 镍基 AlN 纳米仿生镀层厚度及表面粗糙度测试

(1)镀层厚度的测量已成为加工工业和表面工程质量检测的重要环节，是产品是否达到优等质量标准的必要检测手段。为了获得镍基 AlN 纳米仿生镀层的沉积速率和镀层厚度的特征，本书采用 AR932 型镀层测厚仪测量镀层的沉积厚度，其测试精度为 0.1 μm。

(2)表面粗糙度是影响纳米复合镀层性能的一项重要指标之一，它反映了纳米复合镀层表面微观几何形状的误差。本书采用 TR200 型表面粗糙度仪(图 4.3)对镀层表面粗糙度值 *Ra* 进行测量，测试精度为 0.001 μm。镀层表面粗糙度 *Ra* 测量具体步骤如下：首先，对工件表面进行擦拭处理，并将工件水平放置于表面粗糙度仪的蓝色工作台上；其次，开启表面粗糙度仪，调整其指针至垂直于工件表面；最后，测定并记录工件表面的表面粗糙度数据。

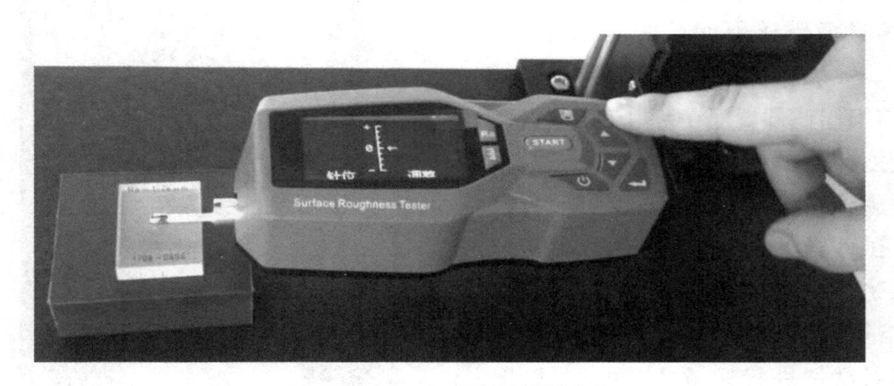

图 4.3 TR200 型表面粗糙度仪

4.3　镍基 AlN 纳米仿生镀层结合力测试

镀层结合力是指镀层与基体金属间的结合强度,即单位面积的镀层从基体金属上剥离所需要的力。结合力是镀层主要的机械性能之一,镀层结合力的数值对镀层的使用性能有着直接的影响。一般来说,镀层结合力不好,主要是涂镀前处理工艺不良造成的。另外,镀层结合力大小也受到镀液成分、基体金属与涂镀金属间的热膨胀系数影响。评定镀层与基体金属结合力的方法有很多,但大多为定性方法,定量测定比较困难。镍基 AlN 纳米仿生镀层结合力测试采用国产镀层附着力自动划痕仪进行测定,如图 4.4 所示。镀层附着力自动划痕仪是一种检测镀层与基底结合强度的仪器,本书利用该设备声发射检测技术对所制备的 AlN 纳米仿生镀层结合力进行测试。当划针将材料的镀层划破或表面剥落时会发出微弱的声信号,此时的载荷值即为镀层与基底的结合强度(临界载荷)。

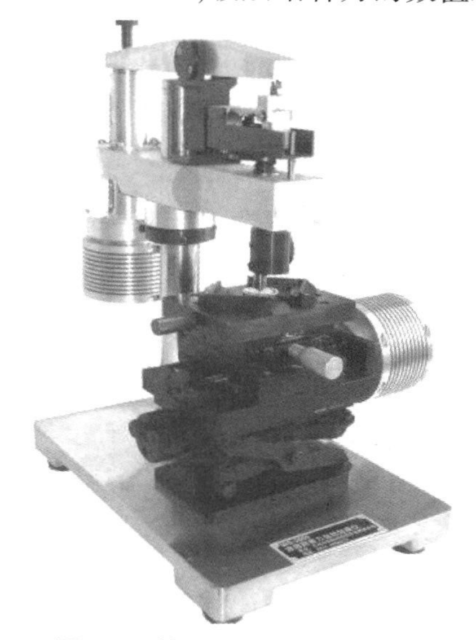

图 4.4　镀层附着力自动划痕仪

4.4　镍基 AlN 纳米仿生镀层 AlN 粒子复合量测定

镍基 AlN 纳米仿生镀层中 AlN 纳米粒子的复合量对复合镀层的性能有着显著影响。粒子复合量的表示通常采用质量百分数、体积百分数或表面积百分数来表示。本书采用质量百分数表示镍基 AlN 纳米仿生镀层中 AlN 纳米粒子的复合量。测定复合镀层增强相粒子复合量的方法有很多。于欣伟、Vidrine、Fujiwara 等用表面能谱分析法(EDX、XPS)测定了复合镀层中增强相纳米粒子复合量,发现此法方便快捷,对镀层不产生破坏。于欣伟等采用紫外-可见分光光度计分析复合镀层中纳米微粒含量,并将本方法与重量法及表面能谱分析法进行了对比分析。吴蒙华等用 AR 模型预测了 Ni-TiN 复合镀层中纳米 TiN 粒子复合量。研究证明,时间序列分析完全可以应用于 Ni-TiN 复合镀层中纳米 TiN 粒子复合量的数据分析及预报,预测结果可为确定其他种类复合镀层中固定微粒复合量提供参考;利用 AR 模型对 Ni-TiN 复合镀层中纳米 TiN 粒子复合量的预测效果较好,时间序列分析的数据模型在稳定加工条件下使用时预测的准确率也较高。

本书利用 Quanta 450 FEG 型扫描电子显微镜对微凹坑 Ni-AlN 纳米仿生镀层的表面形貌进行观察,利用其附带的 X 射线能谱分析仪对纳米仿生镀层的元素种类和含量进行测定。在测定 Ni-AlN 纳米仿生镀层的 AlN 纳米粒子复合量时,选取同一镀层试样上任意五点的 EDS 能谱测试数据,求得镀层中 Ni 元素与 Al 元素的质量百分含量,并根据式(4.2)计算微凹坑 Ni-AlN 纳米仿生镀层中 AlN 纳米粒子的复合量。

$$W_{AlN}=\frac{M_{AlN}}{M_{Al}}\times W_{Al} \tag{4.2}$$

式中 W_{AlN}——Ni-AlN 纳米仿生镀层中 AlN 纳米粒子的质量分数,wt.%;

M_{AlN}——AlN 的分子量,Da;

M_{Al}——Al 的分子量,Da;

W_{Al}——Ni-AlN 纳米仿生镀层中 Al 元素的质量分数,wt.%。

4.5 镍基 AlN 纳米仿生镀层耐磨性能测试

一般来说,机械运动部件表面的耐磨性能是衡量其使用寿命的重要标准之一。镀层的耐磨性能不仅与其显微硬度有关,还受多种因素(如镀层组织结构、粒子含量、镀层厚度)的影响。因此。不能单一地用显微硬度去评判镀层的耐磨性能。为此,本书采用 MPA-33 型摩擦磨损试验机对镍基 AlN 纳米仿生镀层的耐磨性能进行测试,试验机的实物如图 4.5 所示。该试验机的测试条件如下:环境温度为 25 ℃,对磨件选用 40Cr 钢球,滑动速度为 2 mm/s,加载力为 10 N,摩擦时间为 120 min。用精度为 0.1 mg 的 BSM-120.4 型电子天平称量镍基 AlN 纳米仿生镀层磨损前后的质量,并通过式(4.3)计算镀层的磨损量。

$$M=M_1-M_2 \tag{4.3}$$

式中 M——镍基 AlN 纳米仿生镀层的磨损量,mg;

M_1——镍基 AlN 纳米仿生镀层磨损前的质量,mg;

M_2——镍基 AlN 纳米仿生镀层磨损后的质量,mg。

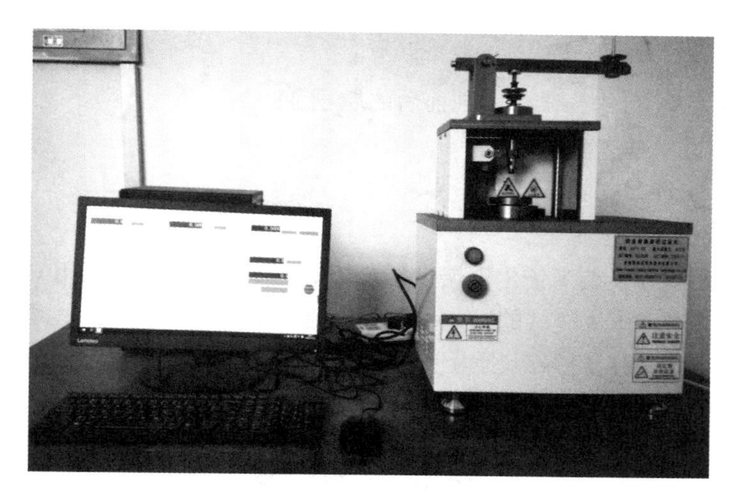

图 4.5　MPA-33 型摩擦磨损试验机

4.6　镍基 AlN 纳米仿生镀层耐腐蚀性能测试

一般来说,镀层的腐蚀是由于其表面发生化学或电化学反应而引起的。因此,增强镀层的耐腐蚀性能对延长机械零部件的使用寿命也是非常重要的。为了判断被镀试样抵抗外界条件侵蚀的能力,通常采用腐蚀实验的方法评定镀层的耐腐蚀性能。耐腐蚀性能的测试一般分为人工加速腐蚀实验法和自然环境实验法两大类。其中,人工加速腐蚀实验法包括中性盐雾实验法、电化学腐蚀实验法酸性盐雾实验法、腐蚀膏实验法、工业气体实验法等;自然环境实验法包括长期使用下的现场实验法和室外曝晒实验法。

本书分别采用中性盐雾实验法和电化学腐蚀实验法对镍基 AlN 纳米仿生镀层的耐腐蚀性能进行测试。

(1)中性盐雾实验法

在中性盐雾实验开始之前,根据镀层和产品规范选定试样,并对试样进行无损清洁处理,将镍基 AlN 纳米仿生镀层试件完全浸泡在 3 wt.% NaCl 溶液中,保持腐蚀溶液的温度在 25 ℃,溶液的 pH 控制为 7.0,喷雾量控制为 1~2 mL/(h · cm^2),控制腐蚀时间为 100 min。实验完成后,将试件取出,用丙酮和无水乙醇进行表面清洗处理。然后,利用 HX-500 型烘干箱对试件进行烘干处理。最后,用 BS240 型电子分析天平测量纳米仿生镀层的腐蚀量,并利用下式计算腐蚀速率:

$$v = \frac{m_1 - m_2}{S \times T} \tag{4.4}$$

式中　m_1、m_2——分别为试样腐蚀前后的质量,kg;

S——试样的表面积,m^2;

T——腐蚀时间,h。

(2)电化学腐蚀实验法

在进行镍基 AlN 纳米仿生镀层试件的电化学腐蚀实验时,选用 CS350 型电化学工作站测试纳米仿生镀层的极化曲线和交流阻抗。以封装好的镀层试件作为工作电极,参比电极和对电极分别为饱和甘汞(SCE)电极和 Pt 电极,测试时扫描速率保持在 0.02 mV/s,电化学工作站的实物如图 4.6 所示。

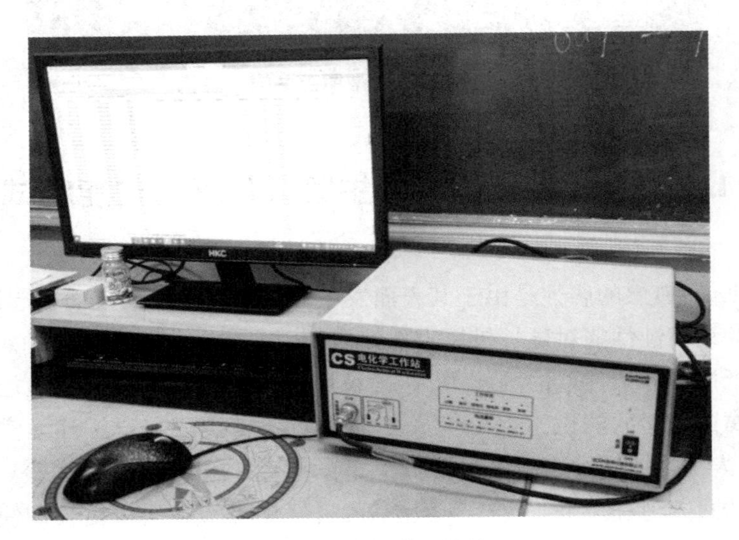

图 4.6　电化学工作站

4.7　本章小结

本章系统地论述了镍基 AlN 纳米仿生镀层的显微硬度、厚度、表面粗糙度、结合力、AlN 粒子复合量、耐磨性能以及耐腐蚀性能的测试分析方法。本书采用北京金洋万达科技有限公司生产的 HV-1000 型显微维氏硬度计测量镍基 AlN 纳米仿生镀层的显微硬度,其自动测量精度可达 0.1 μm,非常适用于纳米复合镀层的显微硬度测试;采用 AR932 型镀层测厚仪测量镀层的沉积厚度,其测试精度为

0.1 μm，采用国产镀层附着力自动划痕仪测定镍基 AlN 纳米仿生镀层结合力，其分辨率可达 0.001 kN；利用 Quanta 450 FEG 型扫描电子显微镜结合 X 射线能谱分析仪测试能谱数据，根据公式(4.2)计算纳米仿生镀层中 AlN 纳米粒子的复合量，该方法在电镀领域应用广泛；采用 MPA-33 型摩擦磨损试验机对镍基 AlN 纳米仿生镀层的耐磨性能进行测试，并利用精度为 0.1 mg 的 BSM-120.4 型电子天平称量镍基 AlN 纳米仿生镀层磨损前后的质量；根据公式(4.3)计算磨损量，这是一种经典测量方法，其测试精度可达 0.1 mg。本章所述中性盐雾实验和电化学腐蚀实验两种测试方法分别适用于镍基 AlN 纳米仿生镀层的耐腐蚀性和电化学性的测试过程。具体的测试分析过程详见第 6 章、第 8 章和第 9 章所述内容。

第5章　仿生表面摩擦磨损有限元分析

接触力学是摩擦学的重要研究方向之一,是研究两物体接触时受压而产生的局部应力和应变等科学问题的学科。接触力学主要研究弹性体、黏性体和塑性体在静态与动态接触面上的力学问题,并通过计算可有效地提高机械系统的安全系数以及降低系统的能量损耗。接触力学的原理被广泛地应用在机车刹车系统、机械连接、金属加工成型、应力分析和摩擦磨损等领域。本章主要研究两物体接触面在摩擦磨损过程中的应力分布、互相趋近量和温度分布问题。为此,采用 ANSYS Workbench 软件对两物体接触面的摩擦磨损情况进行有限元模拟分析。通过对不同参数下仿生表面的仿真研究,实现了对两物体接触面发生滑动摩擦后的等效应力分布、摩擦应力变化、磨损量变化、温度场分布等的仿真模拟,为仿生表面的减阻耐磨特性机理研究奠定了一定基础。

5.1　接触问题的模拟分析及解法

在进行接触问题分析时,通常会遇到非线性接触和弹性接触问题。在研究非线性接触问题时,首先对两物体接触面的有限元模型施加一定的载荷;其次,需要对物体接触面的接触应力进行仿真求解;最后,需要通过实验来对仿真结果进行验证和分析。一般来说,当两物体接触时,它们之间的接触条件可用支配方程来表示,支配方程的数学表达式如下:

$$\boldsymbol{K}_{\mathrm{a}}\boldsymbol{\delta}_{\mathrm{a}}=\boldsymbol{R}_{\mathrm{a}} \tag{5.1}$$

式中　$\boldsymbol{K}_{\mathrm{a}}$——整体刚度矩阵,N/m;

$\boldsymbol{\delta}_{\mathrm{a}}$——节点位移矩阵,mm;

$\boldsymbol{R}_{\mathrm{a}}$——节点载荷矩阵,N。

根据上述支配方程,确定物体接触面的节点位移,而后计算出接触点的接触力 $\boldsymbol{P}_{\mathrm{a}}$,并将接触条件同时代入 $\boldsymbol{\delta}_{\mathrm{a}}$ 与 $\boldsymbol{P}_{\mathrm{a}}$ 中,以验证是否符合假定状态。如果不满足假定状态,则需要重新修改接触状态,并建立新的支配方程。这样不断迭代,直到 $\boldsymbol{\delta}_{n}$ 与 $\boldsymbol{P}_{n}$ 同时满足假定状态为止。

为了研究方便,在对两物体接触面进行有限元分析时,需要将两物体进行分隔,假设两物体接触力分别为 $\boldsymbol{P}_1$ 和 $\boldsymbol{P}_2$,则两物体的支配方程可表示为

$$\boldsymbol{K}_1\boldsymbol{\delta}_1 = \boldsymbol{R}_1 + \boldsymbol{P}_1 \tag{5.2}$$

$$\boldsymbol{K}_2\boldsymbol{\delta}_2 = \boldsymbol{R}_2 + \boldsymbol{P}_2 \tag{5.3}$$

式中　$\boldsymbol{K}_1$、$\boldsymbol{K}_2$——分别为两物体的刚度矩阵,N/m;

$\boldsymbol{\delta}_1$、$\boldsymbol{\delta}_2$——分别为两物体接触面的节点位移矩阵,mm;

$\boldsymbol{R}_1$、$\boldsymbol{R}_2$——分别为两物体受到的外部载荷,N。

假设两物体的接触点对为 i_1、$i_2(i=1,2,\cdots,m)$,且 $\boldsymbol{K}_1$ 和 $\boldsymbol{K}_2$ 为行列式不为零的矩阵,则由式(5.2)和式(5.3)可求得两物体的接触点的柔度方程为

$$\boldsymbol{\delta}_i^1 = \sum_{j=1}^{m} C_{ij}^1 P_j^1 + \sum_{k=1}^{n_1} C_{ik}^1 R_k^1 \tag{5.4}$$

$$\boldsymbol{\delta}_i^2 = \sum_{j=1}^{m} C_{ij}^2 P_j^2 + \sum_{k=1}^{n_2} C_{ik}^2 R_k^2 \tag{5.5}$$

式中　i、j——分别为两物体接触点的节点序号($i=1,2,\cdots,m$; $j=1,2,\cdots,m$);

m——两物体接触点对数;

n_1、n_2——分别为作用在两物体外载荷的作用点数;

$\boldsymbol{\delta}_i^1$、$\boldsymbol{\delta}_i^2$——分别为作用在两物体接触点的位移,mm。

则其矩阵可表示为

$$\boldsymbol{\delta}_i^1 = [\delta_{ix}^1 \quad \delta_{iy}^1 \quad \delta_{iz}^1]^{\mathrm{T}} \tag{5.6}$$

$$\boldsymbol{\delta}_i^2 = [\delta_{ix}^2 \quad \delta_{iy}^2 \quad \delta_{iz}^2]^{\mathrm{T}} \tag{5.7}$$

$\boldsymbol{P}_j^1$ 和 $\boldsymbol{P}_j^2$ 是两物体接触点的接触力,其矩阵可表示为

$$\boldsymbol{P}_j^1 = [P_{jx}^1 \quad P_{jy}^1 \quad P_{jz}^1]^{\mathrm{T}} \tag{5.8}$$

$$\boldsymbol{P}_j^2 = [P_{jx}^2 \quad P_{jy}^2 \quad P_{jz}^2]^{\mathrm{T}} \tag{5.9}$$

$\boldsymbol{R}_k^1$ 和 $\boldsymbol{R}_k^2$ 为两物体节点的外载荷,其矩阵可表示为

$$\boldsymbol{R}_k^1 = [R_{kx}^1 \quad R_{ky}^1 \quad R_{kz}^1]^{\mathrm{T}} \tag{5.10}$$

$$\boldsymbol{R}_k^2 = [R_{kx}^2 \quad R_{ky}^2 \quad R_{kz}^2]^{\mathrm{T}} \tag{5.11}$$

一般来说,两物体的接触应力值无法直接求解,需要将接触条件代入上述公式中,才能进行求解。为此,需要在设定两物体的接触面状态后,将其转化为相应的边界条件,则式(5.4)和式(5.5)可简化为

$$\boldsymbol{\delta}_x = [K_x]^{-1}\{R_x\} \tag{5.12}$$

式中　$[K_x]$——修改接触状态后总刚度矩阵,N/m;

$\{R_x\}$——修改接触状态后总载荷矩阵,N。

根据式(5.12)可以求得两物体接触点的节点位移 $\boldsymbol{\delta}$,并将其重新代入式(5.2)

和式(5.3)中,进而求得两物体接触面的接触应力 **P**。如果求解结果符合假定两物体的接触状态,则上述结果就是所求结果。反之,则需对两物体的接触应力 **P** 进行再次修改,并代入式(5.12)中重新进行计算,直到迭代结果与假定状态一致为止。

在研究弹性接触问题时,一般假定系统状态满足如下条件:

(1) 接触系统的两物体间不发生刚体运动;

(2) 接触物体的变形为小变形;

(3) 不考虑接触面介质。

若两物体的接触面为曲面接触,则在两曲面接触点的位置,物体会发生局部变形,其变形部位为椭圆形平面。假如两物体的椭圆形变形平面的长轴与坐标轴交点半径为 m,椭圆短轴与坐标轴交点半径为 n,则作用在物体上的载荷 F 可表示为

$$F = \iint_S \sigma \, \mathrm{d}s \tag{5.13}$$

式中 S——椭圆的面积,mm^2;

σ——接触点函数。

同时,两物体接触面的应力是按椭圆形轨迹进行分布的,其值可表示为

$$\sigma = \sigma_{\max} \sqrt{1 - \left(\frac{x}{m}\right)^2 - \left(\frac{y}{n}\right)^2} \tag{5.14}$$

式中,$\sigma_{\max}$ 为中心处应力值,MPa。

将式(5.14)代入式(5.13)中,可得

$$F = \iint_S \sigma_{\max} \sqrt{1 - \left(\frac{x}{m}\right)^2 - \left(\frac{y}{n}\right)^2} \, \mathrm{d}s \tag{5.15}$$

两物体接触应力的椭圆长半轴 m 和短半轴 n 可分别表示为

$$m = \rho_1 \sqrt[3]{\frac{3F}{4E'}} \tag{5.16}$$

$$n = \rho_2 \sqrt[3]{\frac{3F}{4E'}} \tag{5.17}$$

式中 E'——综合弹性模量,GPa;

ρ_1、ρ_2——分别为椭圆长、短轴交点的曲率半径,mm。

另外,两物体的综合弹性模量关系式如下:

$$\frac{1}{E'} = \frac{1 - \nu_1^2}{E_1} + \frac{1 - \nu_2^2}{E_2} \tag{5.18}$$

式中 E_1、E_2——分别为两物体的弹性模量,GPa;

ν_1、ν_2——分别为两物体的泊松比。

将式(5.16)、式(5.17)和式(5.18)代入式(5.14)中,得到两物体间最大接触应力与载荷间的关系为

$$\sigma_{\max} = \frac{3}{2\pi \boldsymbol{K}_1 \boldsymbol{K}_2}\left(\frac{4}{3}E'\right)^{\frac{2}{3}} F^{\frac{1}{3}} \tag{5.19}$$

式中　$\boldsymbol{K}_1$,$\boldsymbol{K}_2$——分别为两物体的刚度矩阵。

5.2　两物体接触面的摩擦热应力计算

5.2.1　接触面的接触算法

为了解决两物体接触面(摩擦副)间的热结构耦合问题,ANYSYS 软件提供了罚函数算法、一般拉格朗日算法、增强拉格朗日算法、多点约束算法以及梁约束算法等来处理上述问题。一般来说,对于非线性接触问题,通常采用罚函数算法或增强拉格朗日算法来计算,罚函数的计算方程如下:

$$F_{\text{normal}} = k_{\text{normal}} x_{\text{penetration}} \tag{5.20}$$

式中　F_{normal}——摩擦副受到的接触力,N;

k_{normal}——摩擦副的接触刚度,N/mm;

$x_{\text{penetration}}$——摩擦副的穿透深度,mm。

图 5.1 为罚函数算法的摩擦副接触状态示意图。当在一物体表面施加接触力 F 时,摩擦副的穿透深度为 x mm。另外,由式(5.20)可知,在摩擦副受到相同的接触力时,摩擦副的接触刚度越大,其穿透深度就越小。

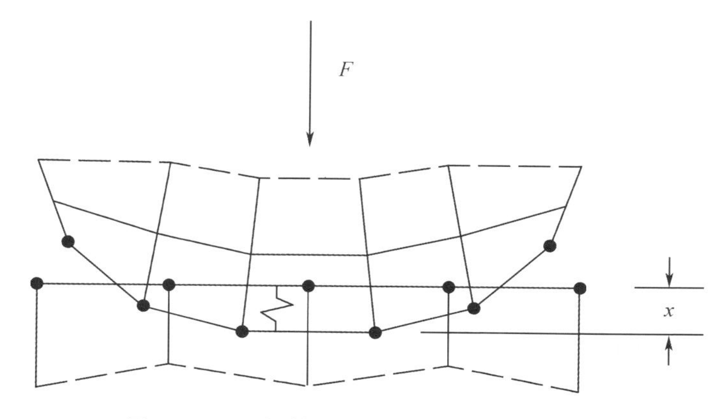

图 5.1　罚函数算法的摩擦副接触状态示意图

增强拉格朗日算法是在罚函数的基础上,引入了 λ 增强因子,使得摩擦副的接触刚度 k_{normal} 变得不敏感,此方法可得到接近 0 mm 的摩擦副穿透深度(图 5.2)。一般来说,增强拉格朗日算法的计算公式如下:

$$F_{\text{normal}} = k_{\text{normal}} x_{\text{penetration}} + \lambda \tag{5.21}$$

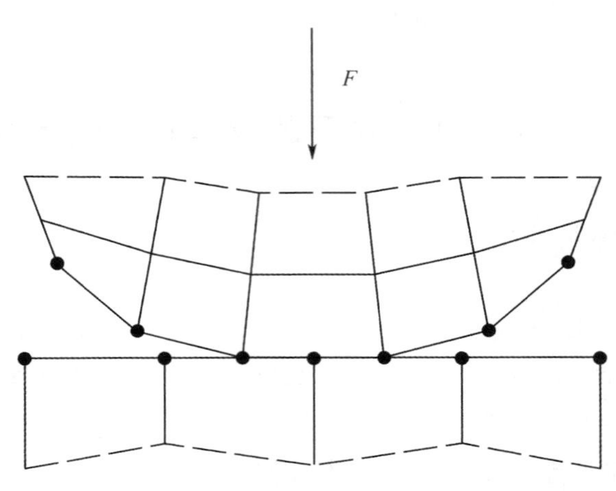

图 5.2　增强拉格朗日算法的摩擦副接触状态示意图

利用罚函数算法解决摩擦副的接触问题时,该接触问题可简化为固定区域的位移,使摩擦副系统的势能在接触条件下达到最小值:

$$\begin{cases} \min \prod (\boldsymbol{X}) = \dfrac{1}{2}\boldsymbol{X}^{\text{T}}\boldsymbol{K}\boldsymbol{X} - \boldsymbol{X}^{\text{T}}\boldsymbol{F} \\ g \geqslant 0 \end{cases} \tag{5.22}$$

式中　$\boldsymbol{X}$——摩擦副结点的位移向量,mm;

$\boldsymbol{K}$——摩擦副结点的接触刚度向量,N/mm;

$\boldsymbol{F}$——摩擦副结点的接触力向量,N;

g——约束函数。

罚函数算法通过将摩擦副系统的惩罚势能增加到其势能泛函数中,将摩擦副系统的约束优化问题转化为无约束优化问题,其表达式如下:

$$\prod_{Y} = \frac{1}{2}\boldsymbol{Y}^{\text{T}}E\boldsymbol{Y} \tag{5.23}$$

式中　E——摩擦副系统的惩罚因子;

$\boldsymbol{Y}$——摩擦副系统的嵌入深度,它是关于 $\boldsymbol{X}$ 的函数,mm。

根据上述公式,摩擦副系统的接触问题可转化为

$$\min \prod{}^{*}(\boldsymbol{X}) = \prod(\boldsymbol{X}) + \prod{}_{Y}(\boldsymbol{X}) \tag{5.24}$$

另外,摩擦副系统的控制方程为

$$(\boldsymbol{K} + \boldsymbol{K}_Y)\boldsymbol{X} = \boldsymbol{F} - \boldsymbol{F}_Y \tag{5.25}$$

由式(5.25)可确定两物体 A 和 B 接触时的系统控制方程为

$$\begin{bmatrix} \boldsymbol{K}^{\mathrm{A}} + \boldsymbol{K}_Y^{\mathrm{AA}} & \boldsymbol{K}_Y^{\mathrm{AB}} \\ \boldsymbol{K}_Y^{\mathrm{BA}} & \boldsymbol{K}^{\mathrm{B}} + \boldsymbol{K}_Y^{\mathrm{BB}} \end{bmatrix} \begin{bmatrix} \boldsymbol{X}^{\mathrm{A}} \\ \boldsymbol{X}^{\mathrm{B}} \end{bmatrix} = \begin{bmatrix} \boldsymbol{F}^{\mathrm{A}} - \boldsymbol{F} \\ \boldsymbol{F}^{\mathrm{B}} - \boldsymbol{F}_Y^{\mathrm{B}} \end{bmatrix} \tag{5.26}$$

与罚函数算法相比,增强拉格朗日算法引入了 λ 增强因子,故两物体接触的控制方程可表示为

$$\begin{bmatrix} \boldsymbol{K}^{\mathrm{A}} + \boldsymbol{K}_Y^{\mathrm{AA}} & \boldsymbol{K}_Y^{\mathrm{AB}} & \boldsymbol{G}^{\mathrm{AT}} \\ \boldsymbol{K}_Y^{\mathrm{BA}} & \boldsymbol{K}^{\mathrm{B}} + \boldsymbol{K}_Y^{\mathrm{BB}} & \boldsymbol{G}^{\mathrm{BT}} \\ \boldsymbol{G}^{\mathrm{A}} & \boldsymbol{G}^{\mathrm{B}} & 0 \end{bmatrix} \begin{bmatrix} \boldsymbol{X}^{\mathrm{A}} \\ \boldsymbol{X}^{\mathrm{B}} \\ 0 \end{bmatrix} = \begin{bmatrix} \boldsymbol{F}^{\mathrm{A}} - \boldsymbol{F}_Y^{\mathrm{A}} \\ \boldsymbol{F}^{\mathrm{B}} - \boldsymbol{F}_Y^{\mathrm{B}} \\ -g_0 \end{bmatrix} \tag{5.27}$$

式中,$\boldsymbol{G}$ 为摩擦副系统的约束函数向量。

5.2.2　接触面的热源模型与热传递方式

本书所研究的接触面热源主要来自两接触面互相摩擦产生的热量。该热量会随着摩擦副材料导热性能和摩擦工况的不同而发生变化。然而,摩擦副材料的性能及摩擦性质会随着摩擦副温度的变化而变化,故摩擦副的热量方程具有非线性特征。假设两物体摩擦生成的热量全部被摩擦副所吸收,则两物体接触表面产生的热量为

$$Q = C_0\int_{t_1}^{t_2}\int_S f(\varphi)P(x,y,z,t)v(x,y,z,t)\,\mathrm{d}s\mathrm{d}t \tag{5.28}$$

式中　C_0——两物体的机械功热当量,J/cal;

$f(\varphi)$——两物体摩擦系数的函数关系;

P——两物体摩擦面上的比压,Pa;

v——两物体的相对运动速度,m/s;

S——两物体的接触面积,mm^2;

t——两物体的摩擦时间,s。

为了简化两物体摩擦热的计算流程,本书假定摩擦副产生的热量不会改变其摩擦系数,故两物体摩擦面上的平均热流密度为

$$q(x,y,t) = \xi \cdot \mu \cdot P(x,y,t) \cdot v(t) \tag{5.29}$$

式中　q——两物体摩擦面上的平均热流密度,$\mathrm{J/(m^2 \cdot s)}$;

ξ——摩擦生热的能量转化因子；

μ——两物体的摩擦系数；

P——两物体摩擦面上的比压，Pa；

v——两物体的相对运动速度，m/s。

此外，热传递是由于温度差引起的热能传递现象，它通常以热传导、热对流、热辐射三种方式来实现热能的传递。由于物体介质间存在温度梯度，故在所有物体中均会发生热传导现象，且热传导过程遵循傅里叶定律，即

$$q = -\lambda \frac{\partial T}{\partial n} \tag{5.30}$$

式中　q——物体的热流密度，$J/(m^2 \cdot s)$；

λ——物体的热导率，$W/(m \cdot K)$；

$\frac{\partial T}{\partial n}$——物体的温度梯度，K。

热对流指流体间发生的热传递现象，在本书接触摩擦系统中表现为物体与空气间的热交换，热对流产生的热流密度遵循牛顿冷却定律，即

$$q = h(T_G - T_L) \tag{5.31}$$

式中　q——物体的热流密度，$J/(m^2 \cdot s)$；

h——物体的对流传热系数，$J/(mm^2 \cdot s \cdot ℃)$；

T_G——物体表面的温度，℃；

T_L——空气表面的温度，℃。

热辐射指物体发射电磁能和吸收电磁能并转化为热量的过程，两物体间因热辐射产生的热量传递遵循斯蒂芬-波尔兹方程，即

$$q = \zeta \cdot \sigma \cdot S_1 \cdot F_{12} \cdot (T_1^4 - T_2^4) \tag{5.32}$$

式中　q——物体的热流密度，$J/(m^2 \cdot s)$；

ζ——物体对辐射的吸收率；

σ——斯蒂芬-玻尔兹曼常数；

S_1——物体的辐射面面积，mm^2；

F_{12}——辐射面 1 到辐射面 2 的形状系数；

T_1——物体 1 表面的温度，℃；

T_2——物体 2 表面的温度，℃。

本书按照不同接触表面的类型，将摩擦副的接触摩擦问题分为光滑表面接触问题和仿生非光滑表面接触问题。在光滑表面摩擦系统中，我们不考虑物体表面粗糙度的问题，摩擦副的热量主要通过热传导方式进行传递。在仿生非光滑表面

的摩擦系统中,摩擦副的热量主要以热传导为主,热对流传导为辅。

5.2.3　接触面的热应力计算

当物体的温度发生变化时,物体会因热变形而产生物体的线应变,其关系式可表示为

$$\varepsilon = \alpha(t - t_0) \tag{5.33}$$

式中　ε——物体的线应变;

α——物体的线膨胀系数,1/℃;

t——物体的实时温度,℃;

t_0——物体的初始温度,℃。

因为物体内部的温度变化不均匀,其热变形在各方向也不一样,所以物体内部会产生大小不一的应力。物体内部因温度变化不均匀而产生的应力叫作物体的热应力。如果已知物体的温度场,利用式(5.34)就可求解出物体各单元的热应力。

$$\{\sigma\} = [D][B]\{\delta\}^{e} - \frac{E\alpha(T_i + T_j + T_m)}{3(1 - 2\nu)}[110]^{T} \tag{5.34}$$

式中　σ——单元的热应力,MPa;

$\{\delta\}^{e}$——单元 e 的位移矩阵,m;

$[D]$——单元的弹性矩阵,MPa;

$[B]$——单元的应变矩阵;

α——物体的线膨胀系数,1/℃;

T_i——物体节点 i 处的温度,℃;

T_j——物体节点 j 处的温度,℃;

T_m——物体节点 m 处的温度,℃;

ν——物体的泊松比;

E——物体的弹性模量,MPa。

5.3　摩擦副的 ANSYS Workbench 仿真和分析

ANSYS 软件是一款目前应用广泛的有限元分析软件,它将结构、流体、电场、磁场、声场等复合场相融合,可实现对实体模型的结构、流体动力学、电磁场、声场以及多物理场的耦合分析和仿真。目前,ANSYS 软件在石油、化工、航空航天、机

械制造、军工等领域有着广泛的应用。然而,ANSYS 软件需要用户自己手动设置的地方较多,专业性也较强,需长期学习才能熟练掌握基本操作。针对上述问题,ANSYS 公司提出了 ANSYS Workbench 软件,它将 ANSYS 的所有功能及第三方 CAE 系统集合到一起,使操作变得简单化和人性化,并且系统的操作界面也变得更加简约和便捷。为此,本章将利用 ANSYS Workbench 软件建立光滑表面的摩擦副与仿生表面的摩擦副模型,并对其等效应力、摩擦应力、磨损量以及温度场等参数进行计算和分析,以便确定出摩擦副仿生表面的结构参数。

5.3.1 摩擦副仿真模型的建立

在进行摩擦副的仿真模拟之前,需要将摩擦副模型进行相应的简化处理,即使用两个互相接触的滑块来代替摩擦副的复杂模型。在对摩擦副的摩擦与热应力仿真模拟中,摩擦副的材料参数、摩擦副尺寸以及运动参数设计如下:上滑块的尺寸为 9 mm×9 mm×4 mm,下滑块的尺寸为 45 mm×15 mm×8 mm,滑块沿 z 方向进行运动。根据油田用往复压缩机活塞和气缸摩擦副的工作参数,本书设置摩擦副上滑块上表面正压力为 $F_N=162$ N(对应接触面的正应力为 $P=2$ MPa),接触摩擦时间为 4 s,上滑块的相对位移为 36 mm。根据上述摩擦副参数,利用 ANSYS Workbench 软件建立的光滑表面和仿生表面的摩擦副模型如图 5.3 所示。

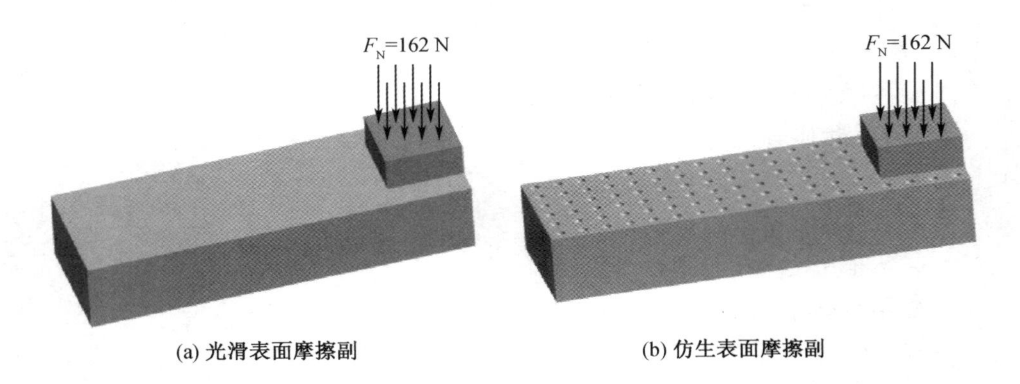

(a) 光滑表面摩擦副　　(b) 仿生表面摩擦副

图 5.3　光滑表面和仿生表面的摩擦副模型

5.3.2 摩擦副有限元模型的建立

将建好的模型导入 ANSYS Workbench 软件的 Static structural 模块中。然后,

选择 Engineering Data 模块添加滑块所用材料的属性和基本参数(如材料密度、弹性模量、泊松比、屈服应力等),利用 ANSYS Workbench 软件自带的网格划分功能对滑块进行网格划分。开始网格划分前,将上滑块和下滑块分别设置为 Solid186 和 Solid187 两种不同的接触单元,接触类型选择“面-面”接触方式。该接触模式对刚体表面形状的要求较低,对刚体表面的光滑度和网格离散引起的表面不连续也没有严格要求。因此,“面-面”接触方式适用于本书所研究的非光滑表面摩擦副的研究。接触面的上表面是弹性体,将其设为目标面,选用二维目标单元 Targe170;接触面的下表面是弹塑性体,将其设为接触面,选用二维接触单元 Conta174。为进一步保证计算结果的准确性,对两滑块网格进行局部细划分处理,将 ANSYS Workbench 软件的 Span angle center 模块设置为 Fine。由于仿生表面摩擦副模型不能划分为四边形网格,为了保证结果的准确性,我们对上滑块使用四边形网格划分,而对下滑块使用三角形网格划分,两模型划分网格后结构如图 5.4 所示。

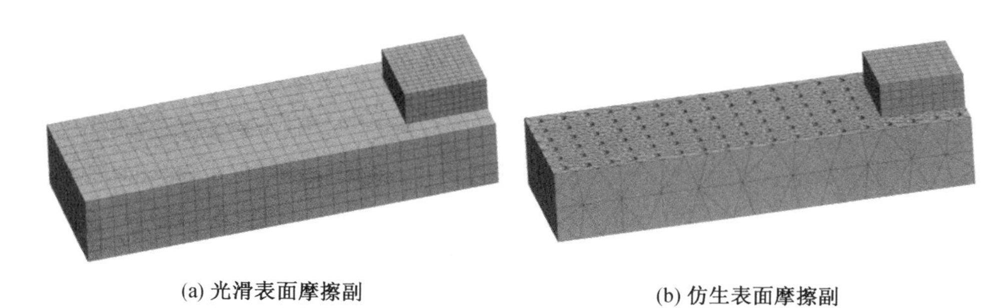

(a) 光滑表面摩擦副　　(b) 仿生表面摩擦副

图 5.4　光滑表面与仿生表面摩擦副模型的网格划分图

为进一步模拟上滑块和下滑块间的磨损过程,采用 Archard 磨损模型在 TBDATA 命令中输入常数(C1 到 C4)来定义摩擦副的磨损材料参数。例如磨损系数(k)、材料硬度(H)、接触压力指数(m)以及滑动速度指数(n)。同时,对 Connections 模块进行设置,选择下滑块作为接触体,选择上滑块作为目标体。因为在滑块的磨损过程中,只能在具有接触单元的表面上建模,为了便于观察下滑块的磨损情况,我们将下滑块表面设置为接触单元,接触类型设置为油摩擦,接触行为设置为非对称行为 Asymmetric 模块,并关闭 Small Sliding 模块。滑块磨损的检测方法选用 Nodal-Projected Normal from Contact 模块,每次迭代(each iteration)均更新滑块的接触刚度。

为仿真模拟摩擦副在往复摩擦过程中的温度场分布,选用 ANSYS Workbench

软件中的瞬态热(Transient thermal)分析模块对温度场进行仿真和模拟,并选用 10 结点的四面体单元 SOLID98 作为下滑块的三维热结构耦合单元,而上滑块的三维热结构耦合单元则选用 20 结点的六面体单元 SOLID226。此外,摩擦副接触面采用热结构耦合单元的二维面-面接触单元,下滑块的上表面作为目标面,选择目标单元为 TARGE170 模块,上滑块的下表面作为接触面,选择目标单元为 CONTA174 模块。

5.4 摩擦副的仿真结果分析

5.4.1 摩擦副的等效应力分析

一般来说,范式等效应力是一种屈服准则,其值即为等效应力,它遵循材料力学第四强度理论。该理论认为形状改变比能是引起材料屈服破坏的主要因素,摩擦副在任意大小的应力条件下,只要摩擦副内部某点的形状改变比能达到单向应力状态下的极限值,摩擦副就会发生屈服破坏现象。为此,本书利用 ANSYS Workbench 软件对摩擦副光滑表面接触模型和仿生表面接触模型的等效应力分布进行模拟,其结果如图 5.5 和图 5.6 所示。其中,设置摩擦副上滑块上表面正压力为 $F_N=162$ N(对应接触面的正应力为 $P=2$ MPa),接触摩擦时间为 4 s,上滑块的相对位移为 36 mm。摩擦副下滑块的间距为 300 μm,其直径分别为 100 μm、200 μm 和 300 μm。此外,表 5.1 为摩擦副下滑块表面不同直径的等效应力及其标准差。

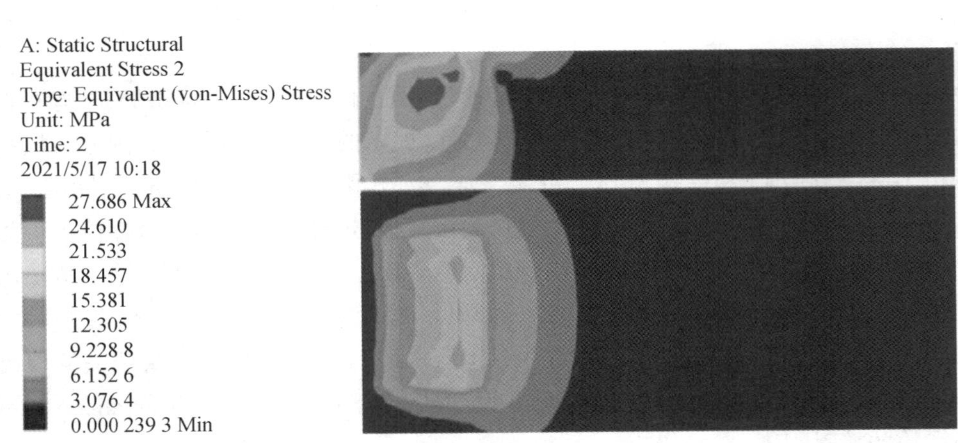

图 5.5 摩擦副下滑块光滑表面的等效应力分布

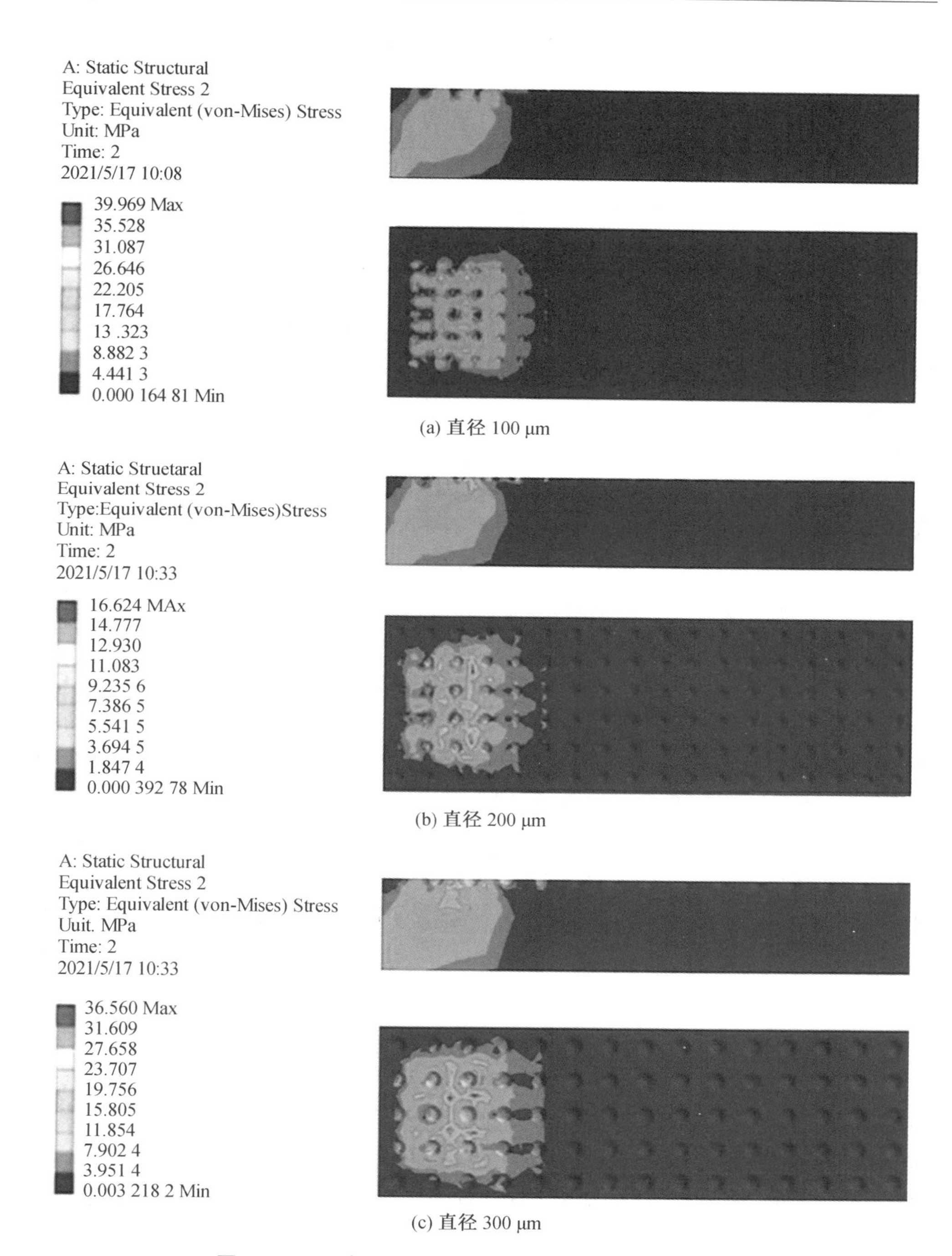

(a) 直径 100 μm

(b) 直径 200 μm

(c) 直径 300 μm

图 5.6　不同直径对仿生表面范式等效应力分布的影响

表 5.1 摩擦副下滑块表面不同直径的等效应力及其标准差

直径 /μm	范式等效应力最大值/MPa	范式等效应力最小值($\times10^{-4}$ MPa)	应力标准差($\times10^{-6}$ MPa)
100	39. 969	1. 6	2. 93
200	16. 624	3. 9	2. 65
300	36. 560	3. 2	2. 81

由图 5. 5 可知,摩擦副光滑表面的范式等效应力呈对称状分布,摩擦过程中,摩擦副下滑块的范式等效应力最大值为 $\sigma_{0\max}=27.686$ MPa。同时,下滑块内部的范式等效应力值在竖直方向由上到下逐渐降低,上述结果符合金属材料发生屈服后的实际应力分布情况。

由图 5. 6 可知,上滑块在仿生表面发生位移之后,摩擦副间的范式等效应力分布区域较小。另外,在摩擦副下滑块仿生表面和内部的范式等效应力较大值较少,且应力分布更为均匀,这证明仿生表面能够有效地减小下滑块所受的范式等效应力,且未出现应力集中现象,故该仿生结构可使摩擦副下滑块表面不易达到屈服极限,从而提高了下滑块的耐磨性能。

由 5. 6 和表 5. 1 可知,当直径为 100 μm 时,仿生表面及内部的范式等效应力的最大值为 $\sigma_{1\max}=39.969$ MPa,最小值为 $\sigma_{1\min}=1.6\times10^{-4}$ MPa;当直径为 200 μm 时,仿生表面及内部的范式等效应力的最大值为 $\sigma_{2\max}=16.624$ MPa,最小值为 $\sigma_{2\min}=3.9\times10^{-4}$ MPa;当直径为 300 μm 时,仿生表面及内部的范式等效应力的最大值为 $\sigma_{3\max}=36.560$ MPa,最小值为 $\sigma_{3\min}=3.2\times10^{-4}$ MPa。由此可见,当摩擦副下滑块表面直径为 200 μm 时,其表面及内部范式等效应力最大值最小,标准差也最小。这说明摩擦副下滑块表面的范式等效应力离散程度最小,且未出现应力集中现象。因此,当直径为 200 μm 时,下滑块的仿生表面不易发生屈服破坏,这说明该表面具有较好的耐磨性能。

利用 ANSYS Workbench 软件对摩擦副仿生表面接触模型的等效应力分布进行模拟,结果如图 5. 7 所示。其中,设置摩擦副上滑块上表面正压力为 $F_N=162$ N(对应接触面的正应力为 $P=2$ MPa),接触摩擦时间为 4 s,上滑块的相对位移为 36 mm。摩擦副下滑块的直径为 200 μm,其间距分别为 200 μm、300 μm 和 400 μm。此外,表 5. 2 为摩擦副下滑块表面不同间距的等效应力及其标准差。

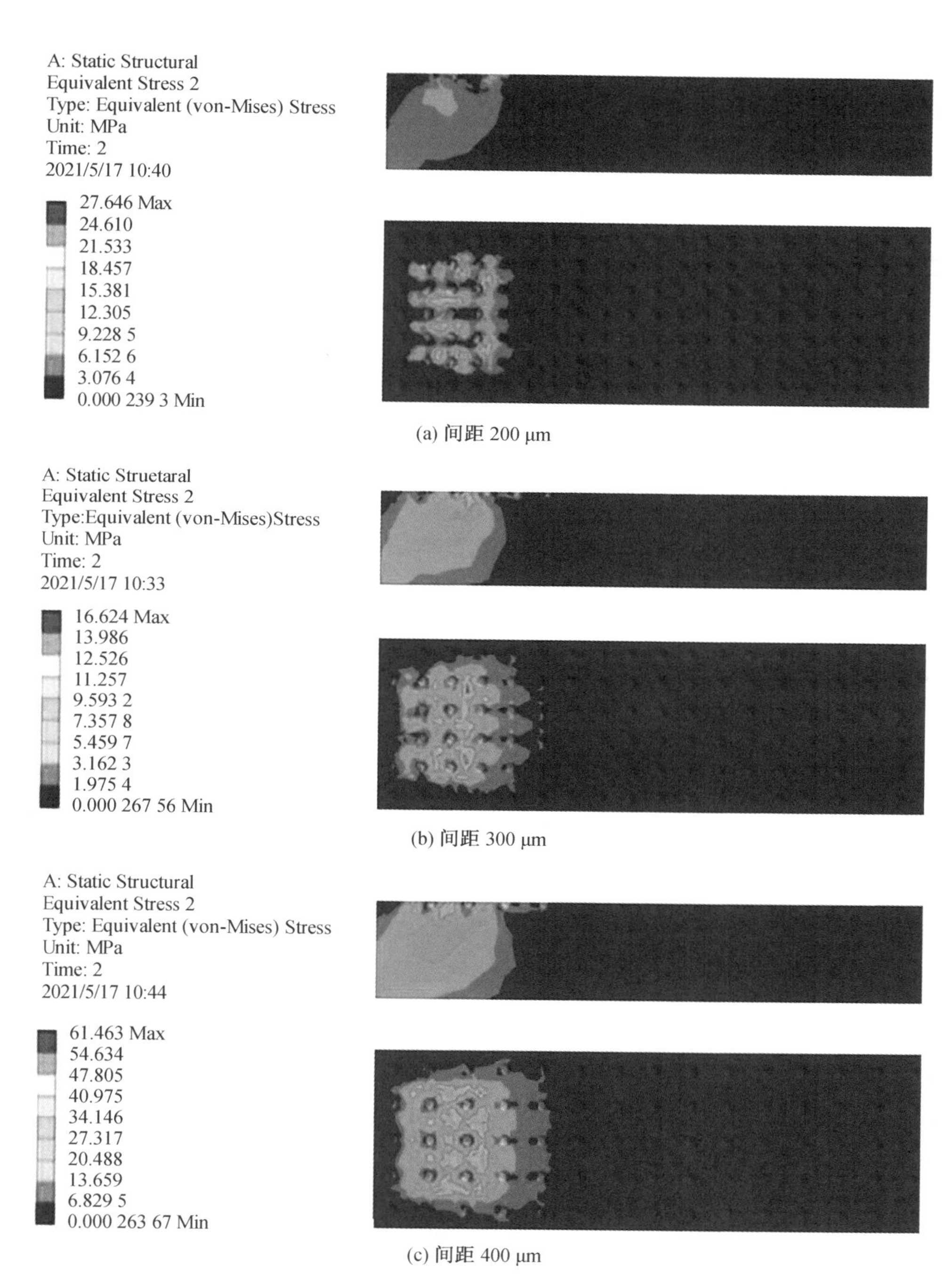

(a) 间距 200 μm

(b) 间距 300 μm

(c) 间距 400 μm

图 5.7　不同间距对仿生表面范式等效应力分布的影响

表 5.2　摩擦副下滑块表面不同间距的等效应力及其标准差

直径 /μm	范式等效应力最大值/MPa	范式等效应力最小值(×10⁻⁴ MPa)	应力标准差(×10⁻⁶ MPa)
200	27.646	2.4	2.76
300	16.128	2.7	2.32
400	61.463	2.6	2.96

由图 5.7 和表 5.2 可知,当间距为 200 μm 时,摩擦副下滑块仿生表面及内部的范式等效应力最大值为 $\sigma_{4max}=27.646$ MPa,最小值为 $\sigma_{4min}=2.4\times10^{-4}$ MPa;当间距为 300 μm 时,仿生表面及内部范式等效应力的最大值为 $\sigma_{5max}=16.128$ MPa,最小值为 $\sigma_{5min}=2.7\times10^{-4}$ MPa;当间距为 400 μm 时,仿生表面及内部的范式等效应力最大值为 $\sigma_{6max}=61.463$ MPa,最小值为 $\sigma_{6min}=2.6\times10^{-4}$ MPa。由此可见,当间距为 300 μm 时,摩擦副下滑块仿生表面及内部的范式等效应力最大值最小,其标准差也最小。这说明摩擦副下滑块表面的范式等效应力离散程度最小,且未出现应力集中现象。因此,当间距为 300 μm 时,下滑块的仿生表面不易发生屈服破坏,这说明该仿生表面具有优秀的耐磨性能。

通过上述数据分析可知,微凹坑状仿生表面上等效应力分布相对松散,且能减弱光滑表面上的应力集中,具有防止材料表面发生屈服破坏的作用。在微凹坑直径为 200 μm、间距为 300 μm 组合参数下,基体表面的等效应力分布均匀,基体表面无应力集中部位,不易发生屈服破坏,此组合参数下仿生表面的等效应力最大值和标准差均最小,具有优异的耐磨性能。

5.4.2　摩擦副的摩擦应力分析

利用 ANSYS Workbench 软件对摩擦副光滑表面接触模型的摩擦应力进行模拟,提取接触面摩擦应力峰值变化如图 5.8 所示。其中,设置摩擦副上滑块上表面正压力为 $F_N=162$ N(对应接触面的正应力为 $P=2$ MPa),接触摩擦时间为 4 s,上滑块的相对位移为 36 mm。

由图 5.8 可知,在 0~2 s 的接触摩擦时间内,接触面摩擦应力呈现线性增长趋势;在摩擦时间达到 2 s 时,接触面间摩擦应力在极短时间内突然上升,并在上升后迅速发生轻微下降,随后保持应力值稳定直至相对运动结束。从图 5.8 所示应力变化趋势可知,在 0~2 s 内,上滑块所承受的水平方向驱动力不足以克服接触面间静摩擦力,上滑块相对下滑块未发生滑动;当加载时间达到 2 s 时,上滑块所承受水平方向驱动力超过接触面间静摩擦力,上滑块开始与下滑块产生相对滑动,故滑块间摩擦力由静摩擦力迅速转换为动摩擦力,表现为摩擦应力峰值下降并迅速稳定,滑动摩擦状态下的摩擦应力为 23. 269 MPa。

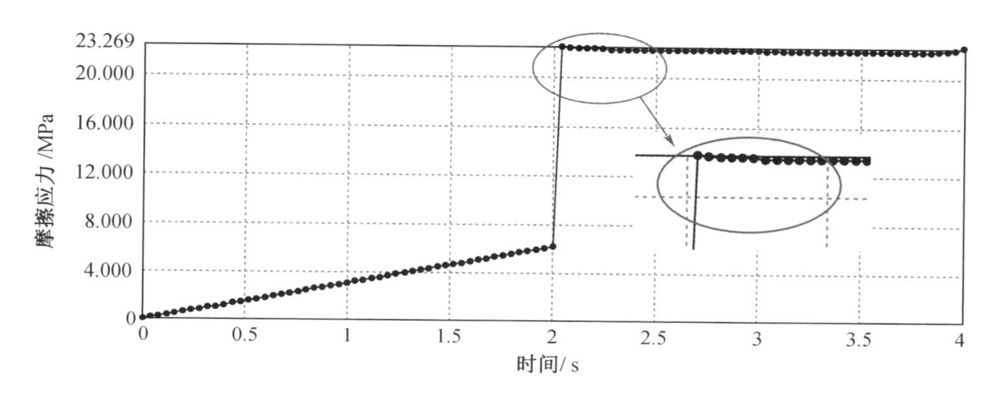

图 5. 8　光滑表面下滑块的摩擦应力仿真曲线

利用 ANSYS Workbench 软件对摩擦副仿生表面接触模型的下滑块表面摩擦应力进行模拟,结果如图 5. 9 所示。其中,设置摩擦副上滑块上表面正压力为 $F_N = 162$ N(对应接触面的正应力为 $P = 2$ MPa),接触摩擦时间为 4 s,上滑块的相对位移为 36 mm。摩擦副下滑块的间距为 300 μm,其直径分别为 100 μm、200 μm 和 300 μm。

由图 5. 9 可知,当直径为 100 μm 时,在 0~2 s 时间内摩擦副下滑块表面的摩擦应力呈线性增长,当摩擦时间为 2 s 时,其摩擦应力值发生突变。在摩擦时间大于 2 s 后,下滑块表面的摩擦应力在 12. 261~24. 095 MPa 范围内剧烈变化,这说明摩擦副接触面受到剧烈摩擦作用。由于摩擦副上滑块是光滑表面,下滑块为非光滑表面,因此该摩擦副下滑块的摩擦系数变化较大。当直径为 200 μm 时,在 2~4 s 时间内,摩擦副下滑块摩擦应力在 8. 713~15. 243 MPa 范围内有规则的变化,这说明该摩擦副下滑块的摩擦系数变化较小。然而,当直径为 300 μm 时,在 2~4 s 时间内,摩擦副下滑块摩擦应力在 12. 198~27. 615 MPa 范围内剧烈变化,这说明该摩擦副下滑块的摩擦系数变化也较大。由此可见,当直径为 200 μm 时,下滑块的仿生表面的摩擦系数变化最小,这说明该仿生表面具有优异的减阻特性。

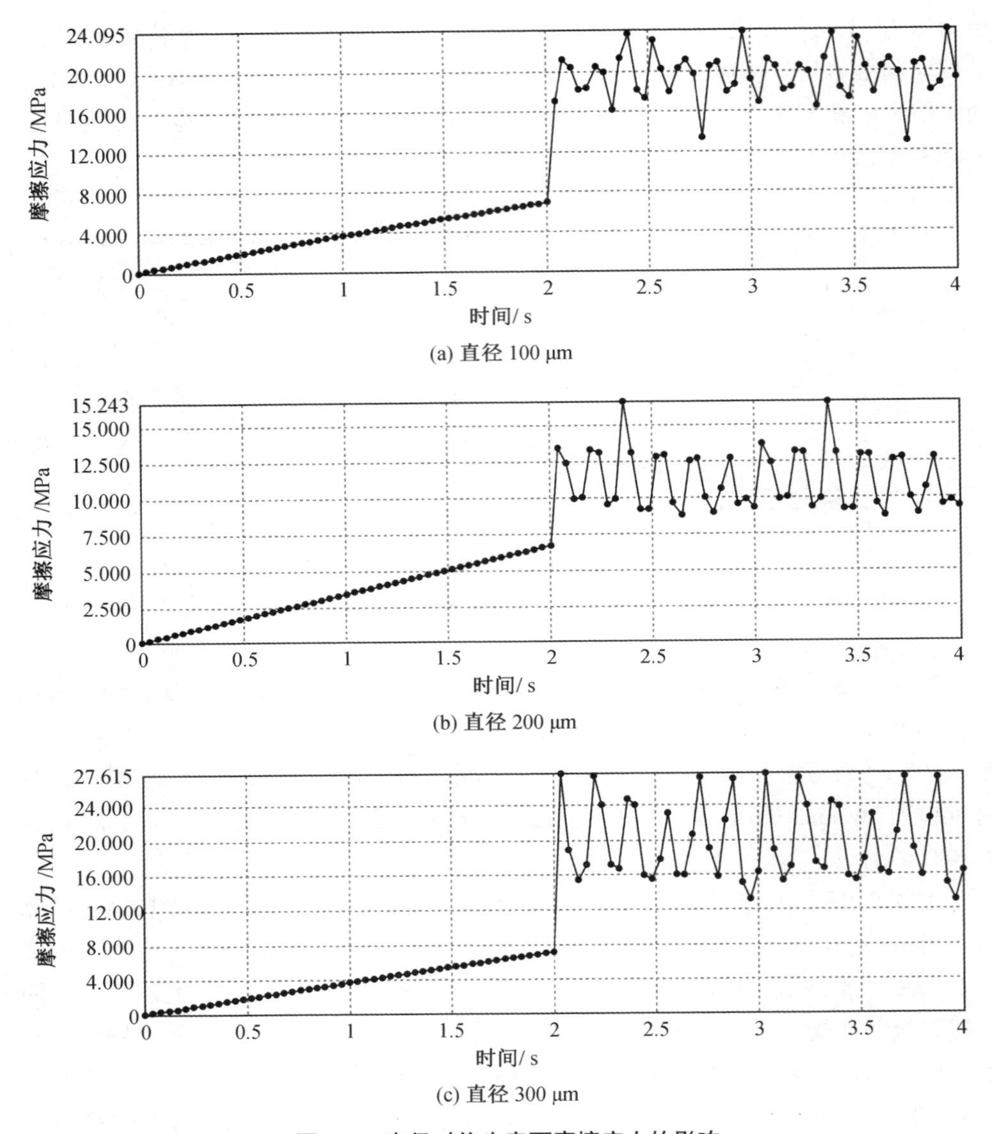

(a) 直径 100 μm

(b) 直径 200 μm

(c) 直径 300 μm

图 5.9　直径对仿生表面摩擦应力的影响

利用 ANSYS Workbench 软件对摩擦副仿生表面接触模型的下滑块表面摩擦应力进行模拟，结果如图 5.10 所示。其中，设置摩擦副上滑块上表面正压力为 $F_N=162$ N（对应接触面的正应力为 $P=2$ MPa），接触摩擦时间为 4 s，上滑块的相对位移为 36 mm。摩擦副下滑块的直径为 200 μm，其间距分别为 200 μm、300 μm 和 400 μm。

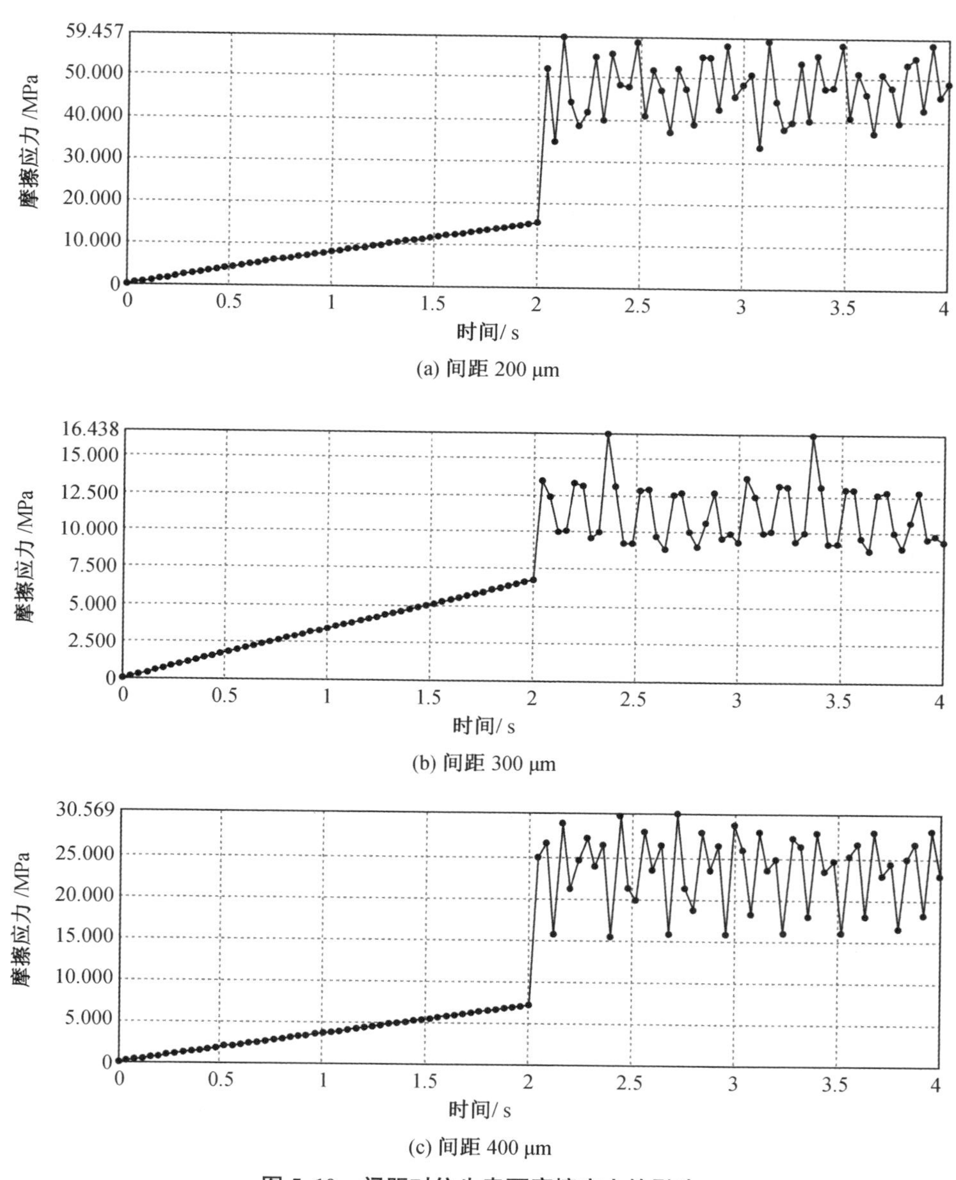

(a) 间距 200 μm

(b) 间距 300 μm

(c) 间距 400 μm

图 5.10　间距对仿生表面摩擦应力的影响

由图 5. 10 可知,当间距为 200 μm 时,在 0~2 s 时间内摩擦副下滑块表面的摩擦应力呈线性增长,且当摩擦时间为 2 s 时,其摩擦应力值发生突变。在摩擦时间大于 2 s 后,下滑块表面的摩擦应力在 33. 875~59. 457 MPa 范围内剧烈变化,这说明摩擦副接触面受到剧烈摩擦作用。由于摩擦副上滑块是光滑表面,下滑块为非光滑表面,因此,该摩擦副下滑块的摩擦系数变化较大。当间距为 300 μm 时,在 2~4 s 时间内,摩擦副下滑块摩擦应力在 8.706~16.438 MPa 范围内有规则地变化,这说明该摩擦副下滑块的摩擦系数变化较小。然而,当间距为 400 μm 时,在 2~4 s 时间内,摩擦副下滑块摩擦应力在 15.011~30.569 MPa 范围内剧烈变化,这说明该摩擦副下滑块的摩擦系数变化也较大。由此可见,当间距为 300 μm 时,下滑块的仿生表面的摩擦系数变化最小,这说明该仿生表面具有优秀的减阻特性。

5.4.3 摩擦副的体积磨损量分析

利用 ANSYS Workbench 软件对摩擦副光滑表面接触模型的体积磨损量进行模拟,结果如图 5.11 所示。其中,设置摩擦副上滑块上表面正压力为 $F_N = 162$ N(对应接触面的正应力为 $P = 2$ MPa),接触摩擦时间为 4 s,上滑块的相对位移为 36 mm。

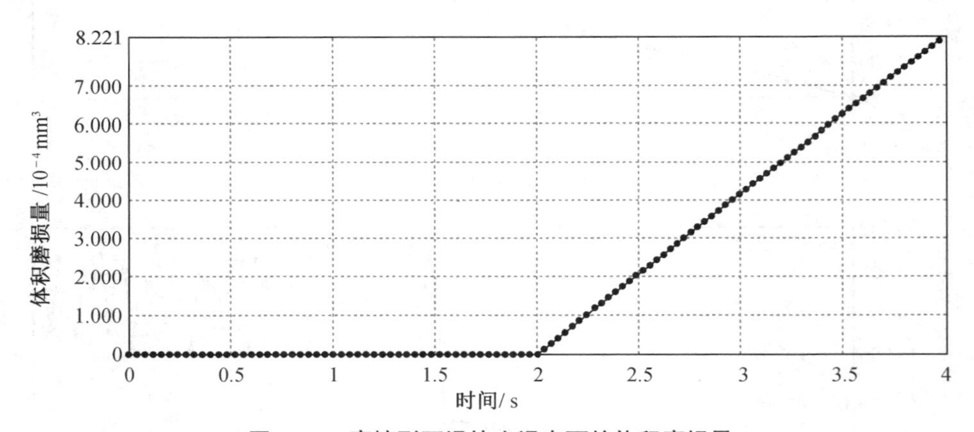

图 5.11 摩擦副下滑块光滑表面的体积磨损量

由图 5.11 可知,在 0~2 s 时间内摩擦副之间没有发生滑动现象,故摩擦副下滑块的体积磨损量为 0 mm^3。当摩擦时间为 4 s 时,摩擦副下滑块的体积磨损量为 8.221×10^{-4} mm^3。

利用 ANSYS Workbench 软件对摩擦副仿生表面接触模型的下滑块表面体积磨损量进行模拟,结果如图 5.12 所示。其中,设置摩擦副上滑块上表面正压力为 $F_N = 162$ N(对应接触面的正应力为 $P = 2$ MPa),接触摩擦时间为 4 s,上滑块的相对位移为 36 mm。摩擦副下滑块的间距为 300 μm,其直径分别为 100 μm、200 μm 和 300 μm。

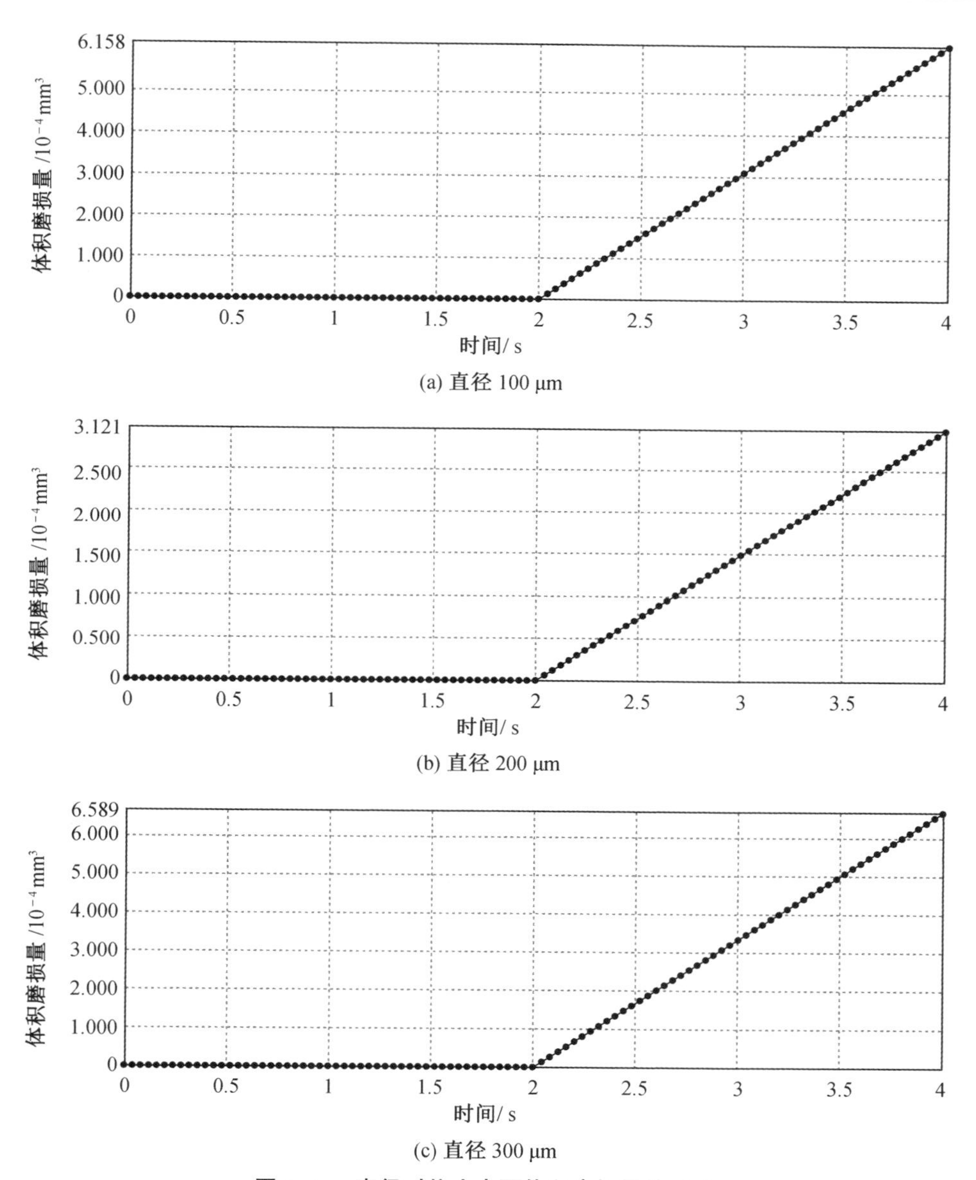

(a) 直径 100 μm

(b) 直径 200 μm

(c) 直径 300 μm

图 5.12　直径对仿生表面体积磨损量的影响

由图 5.12 可知，当直径为 100 μm 时，摩擦副下滑块的体积磨损量为 6.158×10^{-4} mm³；当直径为 200 μm 时，下滑块的体积磨损量为 3.121×10^{-4} mm³；当直径为 300 μm 时，下滑块的体积磨损量为 6.589×10^{-4} mm³。由此可知，当直径为 200 μm 时，摩擦副下滑块表面的体积磨损量最小，这说明该仿生表面的下滑块具有优良的耐磨性能。

利用 ANSYS Workbench 软件对摩擦副仿生表面接触模型的下滑块表面体积磨损量进行模拟，结果如图 5.13 所示。其中，设置摩擦副上滑块上表面正压力为 $F_N = 162$ N(对应接触面的正应力为 $P = 2$ MPa)，接触摩擦时间为 4 s，上滑块的相对位移为 36 mm。摩擦副下滑块的直径为 200 μm，其间距分别为 200 μm、300 μm 和 400 μm。

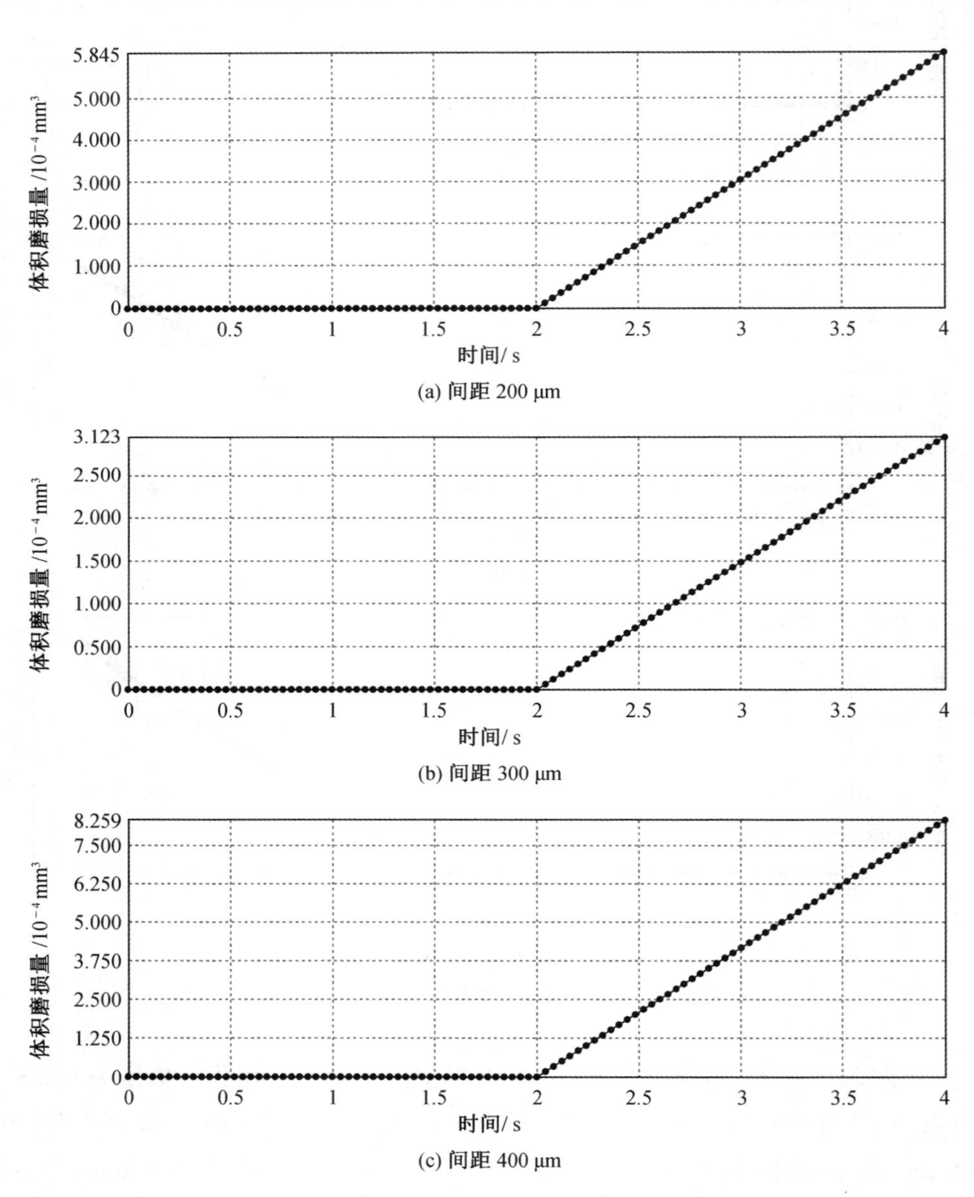

(a) 间距 200 μm

(b) 间距 300 μm

(c) 间距 400 μm

图 5.13　间距对仿生表面体积磨损量的影响

由图 5. 13 可知，当间距为 200 μm 时，摩擦副下滑块的体积磨损量为 5.845×10^{-4} mm^3；当间距为 300 μm 时，下滑块的体积磨损量为 3.123×10^{-4} mm^3；当间距为 400 μm 时，下滑块的体积磨损量为 8.259×10^{-4} mm^3。由此可知，当间距为 300 μm 时，摩擦副下滑块表面的体积磨损量最小，这说明该仿生表面的下滑块具有优异的耐磨性能。

5. 4. 4　摩擦副的温度场分布

利用 ANSYS Workbench 软件对摩擦副光滑表面接触模型的温度场分布进行模拟，结果如图 5. 14 所示。其中，设置摩擦副上滑块上表面正压力为 $F_N=162$ N（对应接触面的正应力为 $P=2$ MPa），接触摩擦时间为 4 s，上滑块的相对位移为 36 mm。

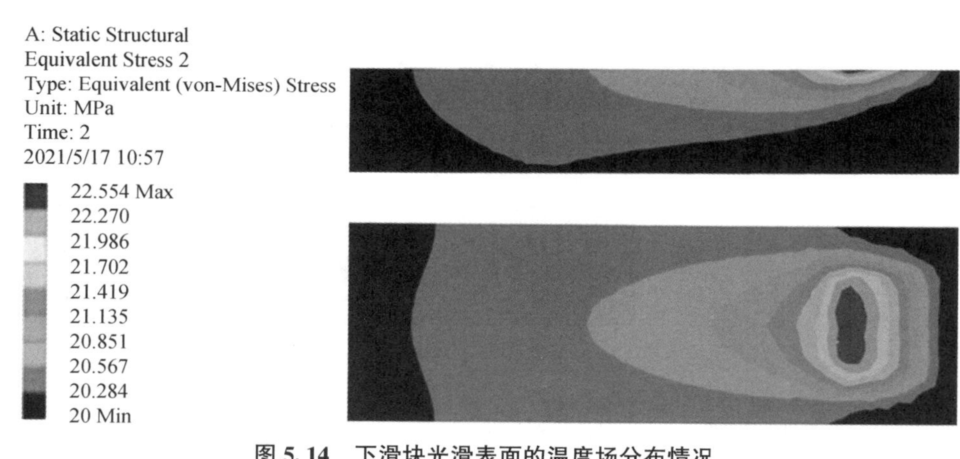

图 5. 14　下滑块光滑表面的温度场分布情况

由图 5. 14 可知，摩擦副下滑块表面的温度场呈对称分布。随着上滑块向右移动，下滑块表面的温度从 20℃开始不断升高。当摩擦时间为 4 s，下滑块光滑表面的最高温度 $T_{0\max}=22.554$ ℃。因物体内部和外部都存在热传导现象，故下滑块光滑表面及其附件均存在一定的温度差。

利用 ANSYS Workbench 软件对摩擦副仿生表面接触模型的温度场分布进行模拟，结果如图 5. 15 所示。其中，设置摩擦副上滑块上表面正压力为 $F_N=162$ N（对应接触面的正应力为 $P=2$ MPa），接触摩擦时间为 4 s，上滑块的相对位移为 36 mm。摩擦副下滑块的间距为 300 μm，其直径分别为 100 μm、200 μm 和 300 μm。此外，表 5. 3 为摩擦副下滑块表面不同直径的节点温度及其标准差。

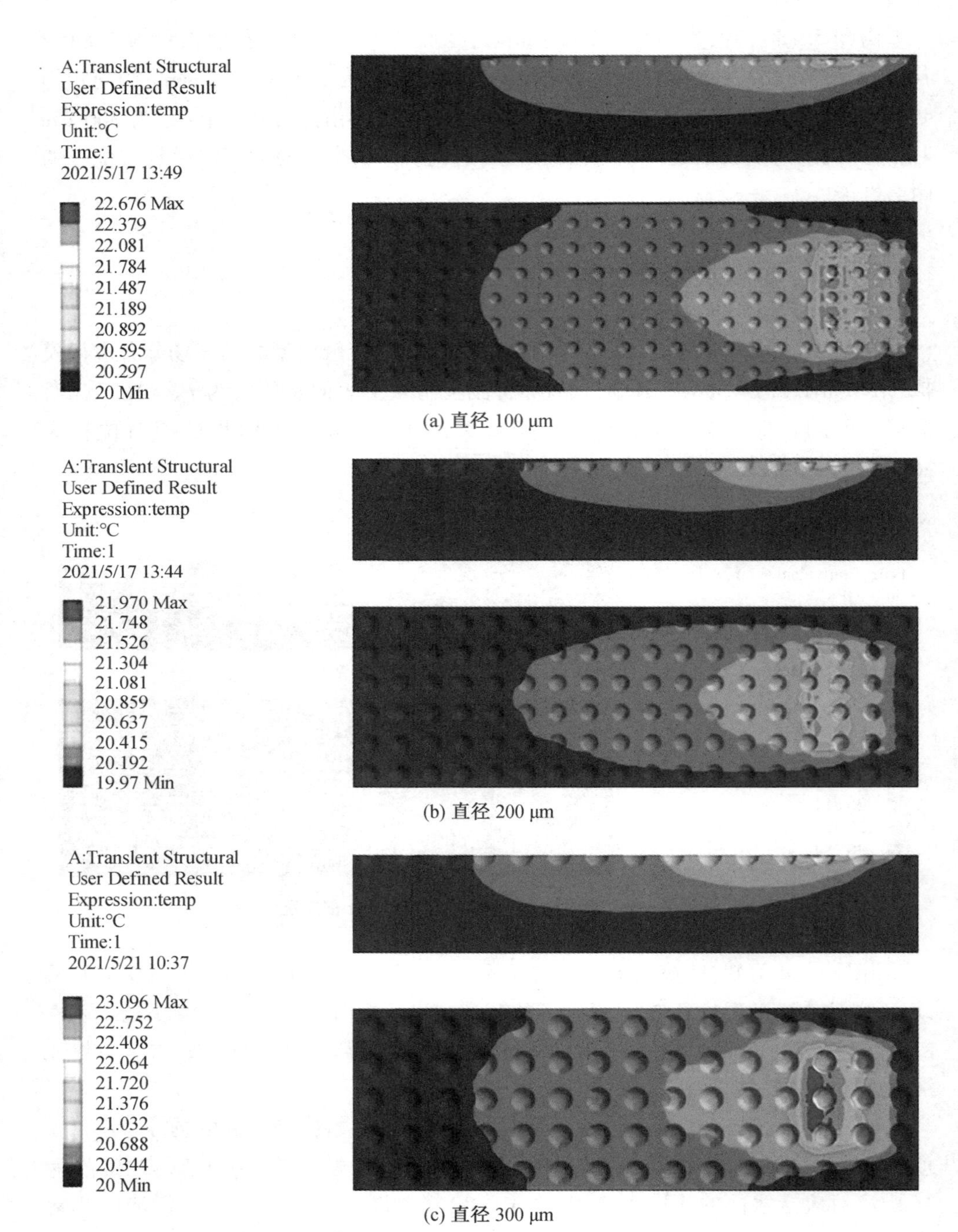

(a) 直径 100 μm

(b) 直径 200 μm

(c) 直径 300 μm

图 5.15　直径对仿生表面温度场分布的影响

表 5.3　摩擦副下滑块表面不同直径的温度场分布及其标准差

直径 /μm	节点温度最大值/℃	节点温度最小值/℃	温度标准差/℃
100	22.676	20.000	2.676
200	21.970	19.970	2.000
300	23.096	20.000	3.096

由图 5.15 和表 5.3 可知，当直径为 100 μm 时，下滑块仿生表面的节点温度最大值为 $T_{1\max}=22.676$ ℃，最小值为 $T_{1\min}=20.000$ ℃；当直径为 200 μm 时，仿生表面的节点温度最大值为 $T_{2\max}=21.970$ ℃，最小值为 $T_{2\min}=19.970$ ℃；当直径为 300 μm 时，仿生表面的节点温度最大值为 $T_{3\max}=23.096$ ℃，最小值为 $T_{3\min}=20.000$ ℃。由此可见，当直径为 200 μm 时，摩擦副下滑块仿生表面的节点温度最大值最小，标准差也最小。一般来说，金属材料的摩擦系数与摩擦温度有关，材料的摩擦温度越高，其摩擦系数就越大。因此，选用直径为 200 μm 的仿生表面可有效降低摩擦副下滑块的摩擦系数和摩擦热。

利用 ANSYS Workbench 软件对摩擦副仿生表面接触模型的温度场分布进行模拟，结果如图 5.16 所示。其中，设置摩擦副上滑块上表面正压力为 $F_N=162$ N（对应接触面的正应力为 $P=2$ MPa），接触摩擦时间为 4 s，上滑块的相对位移为 36 mm。摩擦副下滑块的直径为 200 μm，其间距分别为 200 μm、300 μm 和 400 μm。此外，表 5.4 为摩擦副下滑块表面不同间距的温度场分布及其标准差。

表 5.4　摩擦副下滑块表面不同间距的温度场分布及其标准差

间距 /μm	节点温度最大值/℃	节点温度最小值/℃	温度标准差/℃
200	22.879	20.000	2.879
300	21.971	19.972	1.999
400	22.570	20.000	2.570

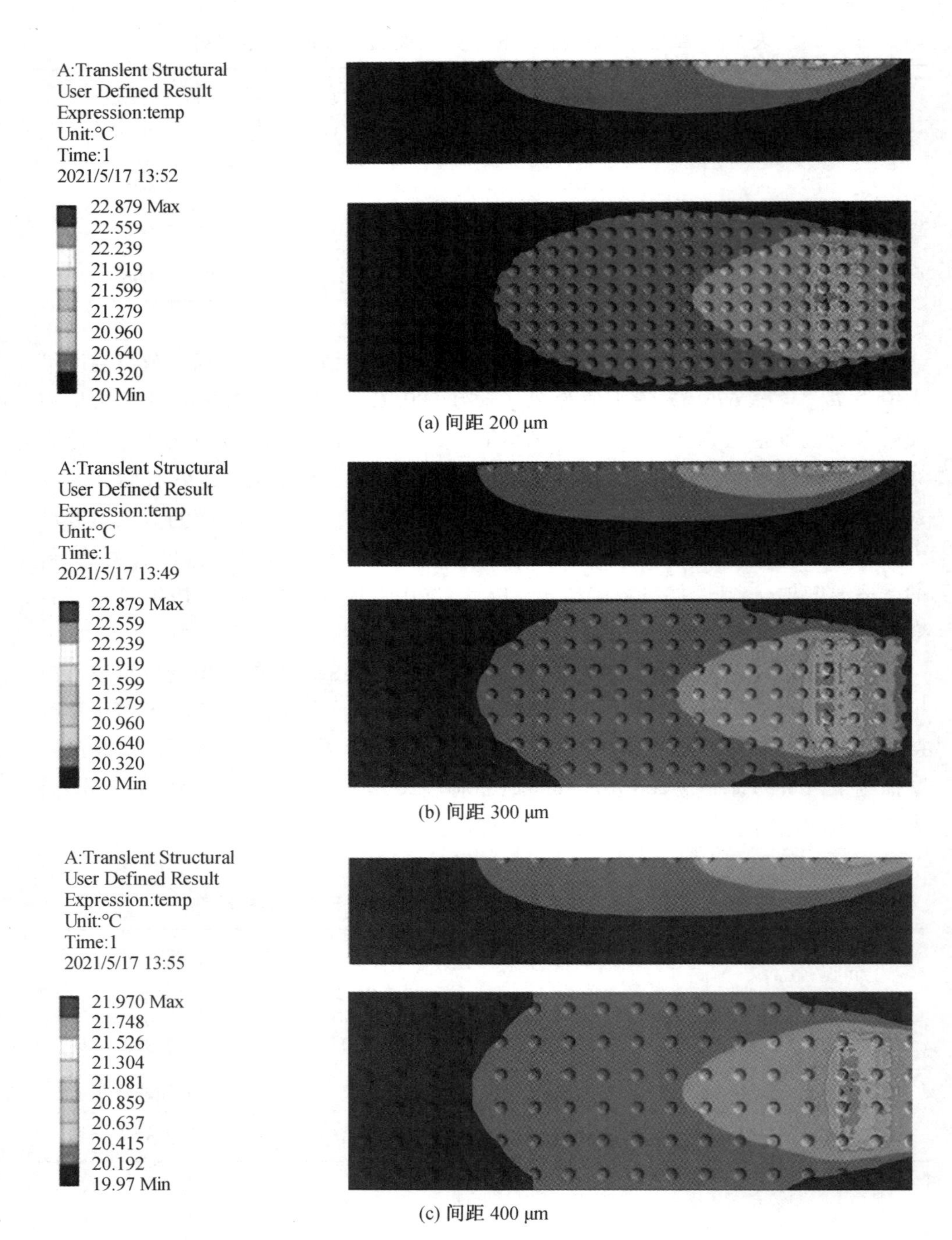

(a) 间距 200 μm

(b) 间距 300 μm

(c) 间距 400 μm

图 5.16　间距对仿生表面温度场分布的影响

由图5.16和表5.4可知,当间距为200 μm时,下滑块仿生表面的节点温度最大值为T_{1max}=22.879 ℃,最小值为T_{1min}=20.000 ℃;当间距为300 μm时,仿生表面的节点温度最大值为T_{2max}=21.971 ℃,最小值为T_{2min}=19.972 ℃;当间距为400 μm时,仿生表面的节点温度最大值为T_{3max}=22.570 ℃,最小值为T_{3min}=20.000 ℃。由此可见,当间距为300 μm时,摩擦副下滑块仿生表面的节点温度最大值最小,标准差也最小。因此,选用间距为300 μm的仿生表面,可有效降低摩擦副下滑块的摩擦系数和摩擦热。

5.5　本章小结

本章首先介绍有限元建模、分析及计算过程,然后通过ANSYS Workbench软件建立上滑块在光滑表面、仿生表面上以滑动摩擦状态运动的模型,并对光滑表面及不同参数下仿生表面上的范式等效应力分布、摩擦应力变化、体积磨损量变化及温度场分布情况进行比较分析,得到如下结论:

(1)当摩擦副下滑块表面直径为200 μm、间距为300 μm时,其表面及内部范式等效应力最大值最小,标准差也最小,这说明摩擦副下滑块表面的范式等效应力离散程度最小,且未出现应力集中现象。因此,当直径为200 μm、间距为300 μm时,下滑块的仿生表面不易发生屈服破坏,这说明该表面具有较好的耐磨性能。

(2)当摩擦副下滑块表面直径为200 μm、间距为300 μm时,摩擦应力在8.713~15.243 MPa范围内有规则的变化,摩擦系数变化范围最小。因此,当直径为200 μm、间距为300 μm时,下滑块的仿生表面的摩擦系数变化最小,这说明该仿生表面具有优异的减阻特性。

(3)当直径为100 μm时,摩擦副下滑块的体积磨损量为6.158×10^{-4} mm^3;当直径为200 μm时,下滑块的体积磨损量为3.121×10^{-4} mm^3;当直径为300 μm时,下滑块的体积磨损量为6.589×10^{-4} mm^3。由此可知,当直径为200 μm时,摩擦副下滑块表面的体积磨损量最小,这说明该仿生表面的下滑块具有优良的耐磨性能。

(4)当间距为200 μm时,摩擦副下滑块的体积磨损量为5.845×10^{-4} mm^3;当间距为300 μm时,下滑块的体积磨损量为3.123×10^{-4} mm^3;当间距为400 μm时,下滑块的体积磨损量为8.259×10^{-4} mm^3。由此可知,当间距为300 μm时,摩擦副下滑块表面的体积磨损量最小,这说明该仿生表面的下滑块具有优异的耐磨性能。

(5)当直径为 200 μm、间距为 300 μm 时,摩擦副下滑块仿生表面的节点温度最大值最小,标准差也最小。因此,选用为直径为 200 μm、间距为 300 μm 的仿生表面可有效降低摩擦副下滑块的摩擦系数和摩擦热。

第6章　仿生表面减阻耐磨性能机理探究

由第5章可知，采用ANSYS Workbench软件对两物体接触面的摩擦磨损情况进行有限元模拟分析，从而实现了对两物体接触面发生滑动摩擦后的等效应力分布、摩擦应力变化、磨损量变化、温度场分布等的仿真模拟。为进一步研究仿生表面减阻耐磨性能，本章将利用摩擦磨损试验机对仿生表面的减阻耐磨性能进行测试，研究不同直径及其间距对仿生表面的减阻耐磨性能的影响，并探究仿生表面在滑动摩擦状态下的减阻耐磨特性机理，为制备性能优异的镍基AlN纳米仿生镀层提供一定理论和技术支撑。

6.1　不同表面参数对仿生表面减阻耐磨性能的影响

6.1.1　不同直径对仿生表面减阻耐磨性能的影响

采用JDLVM400E A6型数控激光雕刻机，在45钢试件表面制备间距为300 μm以及直径分别为100 μm、200 μm和300 μm的三种仿生表面。然后，利用MPA-33型摩擦磨损试验机对试件进行测试，试件的摩擦系数变化曲线如图6.1所示。

由图6.1可知，不同直径试件的摩擦系数曲线波动差异较大。在相同的摩擦载荷情况下，仿生表面试件的摩擦系数与试件表面粗糙度有关。另外，试件摩擦系数曲线的振幅反映了试件在摩擦过程中受到的震动大小。当直径为200 μm时，仿生表面试件的摩擦系数较低，其平均摩擦系数为0.45，且试件的摩擦系数振幅变化不大，这说明该试件的表面粗糙度较低，其减阻效果较为突出。当直径为100 μm和300 μm时，仿生表面试件的平均摩擦系数分别为0.58和0.71，这明显比直径为200 μm的试件的摩擦系数要高。

图6.2为上述三种仿生表面试件的磨损量柱状图。由图6.2可知，当直径为200 μm时，仿生表面试件的磨损量最小，其平均磨损量为8.5 mg，这说明该仿生表

面的耐磨性能最好。相比之下,当直径分别为 100 μm 和 300 μm 时,两试件的磨损量均较大,其平均磨损量分别为 12.6 mg 和 14.2 mg,这说明上述两试件的耐磨性能较差。由此可见,当直径为 200 μm 时,仿生表面试件的减阻耐磨性能最好。

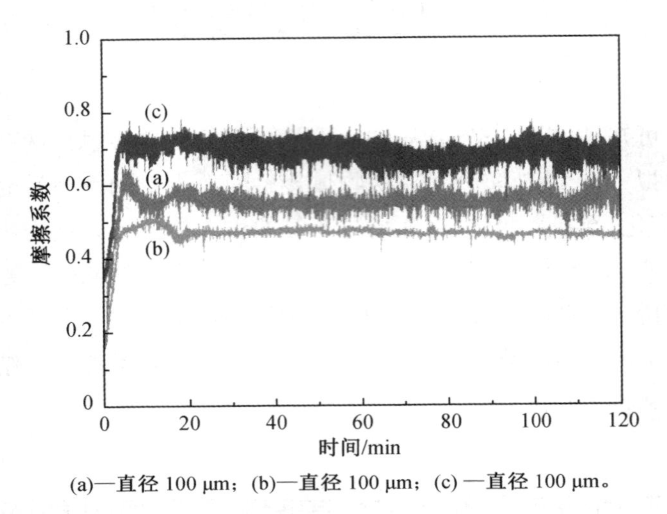

(a)—直径 100 μm; (b)—直径 100 μm; (c) —直径 100 μm。

图 6.1　不同直径对试件摩擦系数的影响

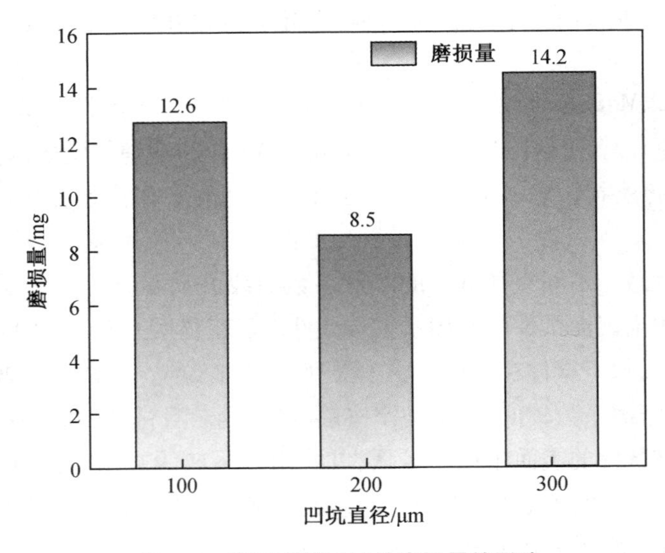

图 6.2　不同直径对试件磨损量的影响

6.1.2　不同间距对仿生表面减阻耐磨性能的影响

采用 JDLVM400E A6 型数控激光雕刻机，在 45 钢试件表面制备直径为 200 μm 以及间距分别为 200 μm、300 μm 和 400 μm 的三种仿生表面。然后，利用 MPA-33 型摩擦磨损试验机对试件进行测试，试件的摩擦系数变化曲线如图 6.3 所示。

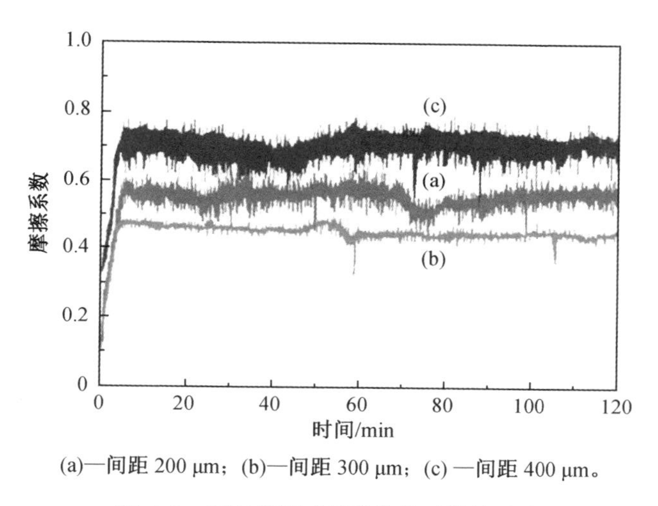

(a)—间距 200 μm；(b)—间距 300 μm；(c) —间距 400 μm。

图 6.3　不同间距对试件摩擦系数的影响

由图 6.3 可知，不同间距试件的摩擦系数曲线波动差异较大。当间距为 300 μm 时，仿生表面试件的摩擦系数较低，其平均摩擦系数为 0.48，且试件的摩擦系数振幅变化不大，这说明该试件的表面粗糙度较低，其减阻效果较为突出。当间距为 200 μm 和 400 μm 时，仿生表面试件的平均摩擦系数分别为 0.57 和 0.74，这明显比间距 300 μm 试件的摩擦系数要高。

图 6.4 为上述三种仿生表面试件的磨损量柱状图。由图 6.4 可知，当间距为 300 μm 时，仿生表面试件的磨损量最小，其平均磨损量为 8.4 mg，这说明该仿生表面的耐磨性能最好。相比之下，当间距分别为 200 μm 和 400 μm 时，两试件的磨损量均较大，其平均磨损量分别为 13.5 mg 和 15.8 mg，这说明上述两试件的耐磨性能较差。由此可见，当直径为 200 μm 及间距为 300 μm 时，仿生表面试件的减阻耐磨性能最好。

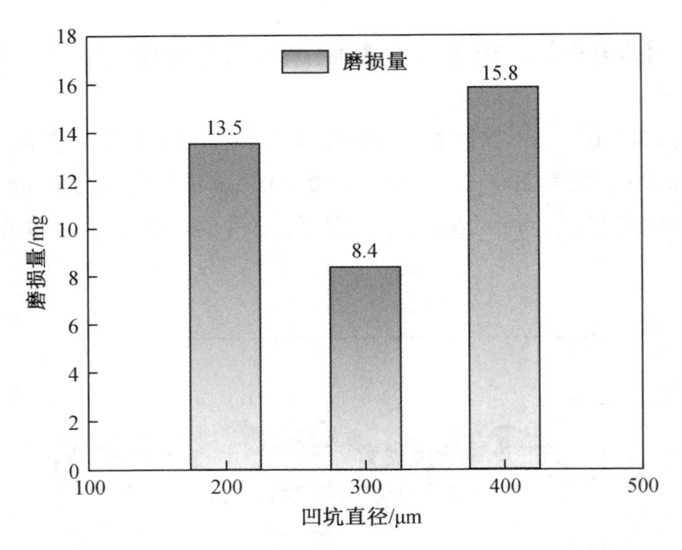

图 6.4　不同间距对试件磨损量的影响

由第 3 章仿生表面的仿真模拟和实验测试可知，合理的仿生表面参数对仿生表面的减阻耐磨性能有着重要的影响。当直径为 200 μm 及间距为 300 μm 时，仿生表面试件的减阻作用最为明显，其耐磨性能也最优。

6.2　仿生表面的减阻耐磨机理研究

6.2.1　仿生表面磨损过程分析

通常情况下，仿生表面的摩擦学行为是由许多简单摩擦系统构成的。其中，简单摩擦系统的结构示意图如图 6.5 所示。该系统主要由上试件、下试件和润滑剂构成，在试件表面制备一定参数的仿生结构，并在上试件和下试件之间加入润滑剂。同时，在上试件施加一定的作用力，使其以一定的速度 V 运动，从而实现简单摩擦系统的运动。在简单摩擦系统的运动过程中，上试件和下试件的对磨表面就会发生磨损，这就是简单摩擦系统的仿生表面磨损过程。将许多简单摩擦系数组合在一起，使其发生相对运动，这就是仿生表面的磨损过程。

在仿生表面的磨损过程中，上试件和下试件的摩擦表面均受到一定程度的磨损，其磨损过程主要分为三个阶段：跑合阶段、稳定磨损阶段以及急速磨损阶段。

上试件和下试件的磨损量也随着磨损过程的进行而发生变化,其变化趋势如图6.6所示。其中,试件的跑合阶段为摩擦副的初期磨合阶段;试件的稳定磨损阶段是摩擦副的正常使用阶段;试件的急速磨损阶段是摩擦副的后期加速磨损阶段,此时摩擦副已无法正常使用。为此,本书研究仿生表面的磨损主要发生在试件的稳定磨损阶段。在此过程中,仿生表面的减阻耐磨特性主要表现在仿生表面的平整化效应、贮屑效应、空穴减阻效应以及形变减压效应等方面。

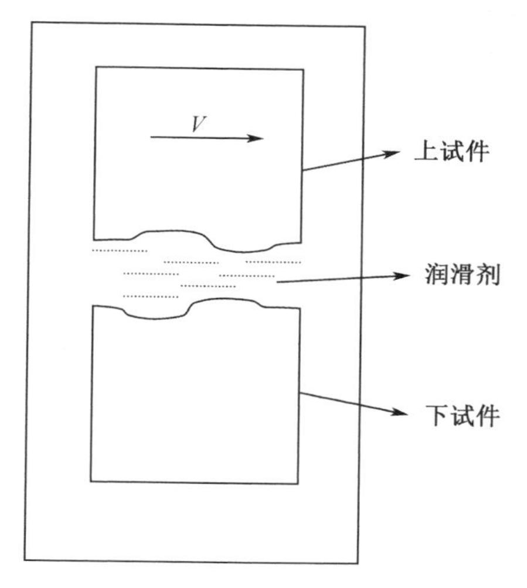

图6.5 简单摩擦系统的结构示意图

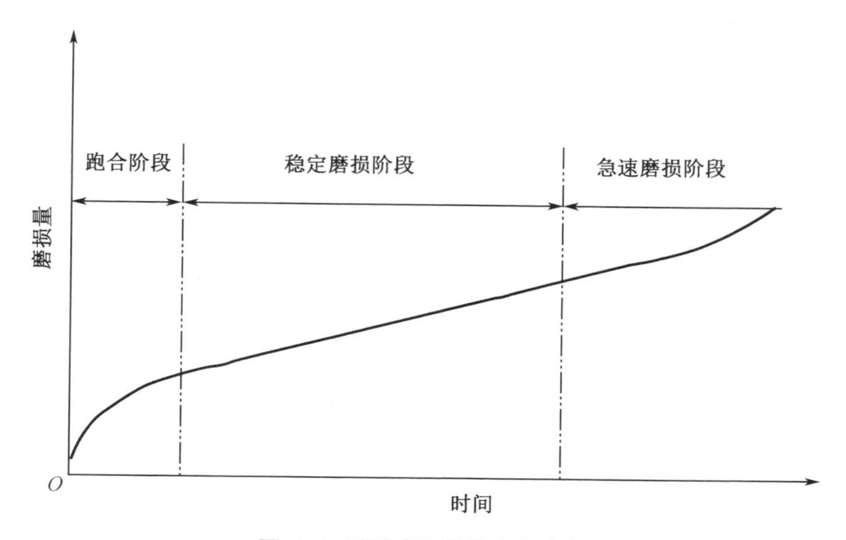

图6.6 试件磨损量的变化曲线

6.2.2 仿生表面的平整化效应

一般来说,机械加工的零部件表面存在一定的粗糙度,故其表面的微观尺度存在凹凸不平现象。图6.7为传统摩擦副和非光滑表面摩擦副的结构示意图。当两试件表面发生相对运动时,传统摩擦副表面依靠不锋利的凸起实现对机械零件表面的平整化效应。然而,在仿生表面上,规则的仿生凹坑边缘类似车刀,它们能迅速、有效地对机械零部件表面进行平整化处理,这就是仿生表面的平整化效应。因此,传统摩擦副的跑合时间较长,而非光滑表面摩擦副的跑合时间则相对较短。

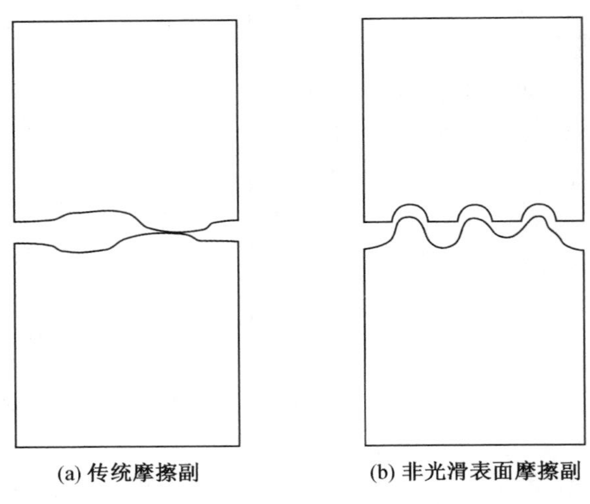

图 6.7　机械零部件摩擦副结构示意图

6.2.3　仿生表面的贮屑效应

通常情况下,磨粒磨损是机械零部件磨损的主要形式。在摩擦副相对运动过程中,外界硬质颗粒或硬质表面的微峰会对摩擦副表面产生一定的磨损或擦伤,其特征是在摩擦副表面沿滑动方向形成划痕。在非光滑表面摩擦副相对运动过程中,仿生表面可起到贮存碎屑的作用,从而降低了摩擦副的磨损程度,这就是仿生表面的贮屑效应(图 6.8)。此外,当碎屑积累到一定程度时,非光滑表面摩擦副的滑动摩擦还能转变为滚动摩擦,进一步减弱了因摩擦造成的磨损或擦伤。

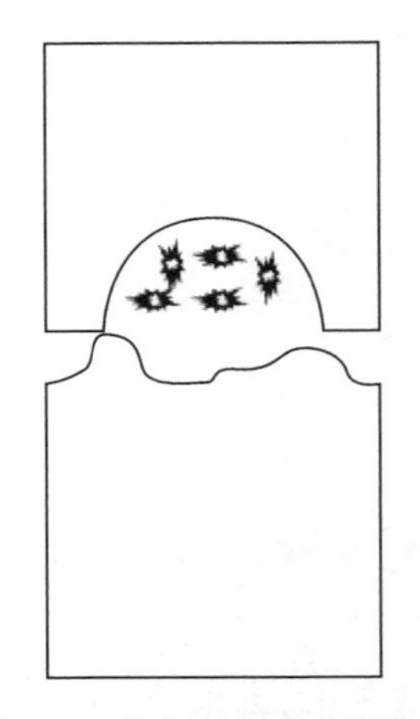

图 6.8　非光滑表面贮屑效应

6.2.4　仿生表面的空穴减阻效应

当仿生摩擦副发生相对运动时,液体或空气黏性膜会将其摩擦表面分开。同时,上述黏性膜还起到一定的承载作用,这种现象称为仿生表面的空穴减阻效应。图 6.9 所示为单个仿生表面的空穴减阻示意图。在油润滑条件下,仿生表面在一定程度上增加了润滑油膜的厚度,进而改善了摩擦副的润滑性能。此外,单个结构能够起到储油功能。在摩擦副相对运动时,结构能够及时为摩擦副润滑不到位的区域提供润滑油,减小了摩擦副的摩擦阻力。因此,仿生表面的空穴减阻效应不仅能有效提高摩擦副的承载能力,还能显著降低摩擦表面的磨损速率。

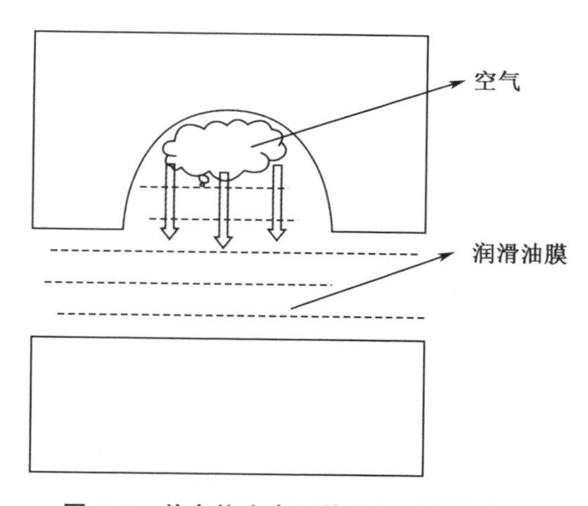

图 6.9　单个仿生表面的空穴减阻示意图

6.2.5　仿生表面的形变减压效应

通常情况下,仿生表面所承受的局部应力比光滑表面受到的应力要小很多,这是因为仿生表面的刚度低于光滑表面的刚度。在光滑表面摩擦过程中,其表面存在的局部凸起陷入另一对磨件内部,使其表面出现深浅不一的犁沟。然而,仿生表面因其刚度较弱,故在摩擦过程中试件表面发生一定的形变,从而降低了仿生表面受到的应力,这就是仿生表面的形变减压效应。图 6.10 为仿生表面的变形示意图,实线为仿生表面的原形态,虚线为变形后的结构形态。当仿生表面承受一定的外部载荷时,其边缘区域会发生一定的变形,这种结构变形能够吸收部分变形能,并增大原结构的承载界面。因此,仿生表面的形变减压效应也可有效提高摩擦副的承载能力。

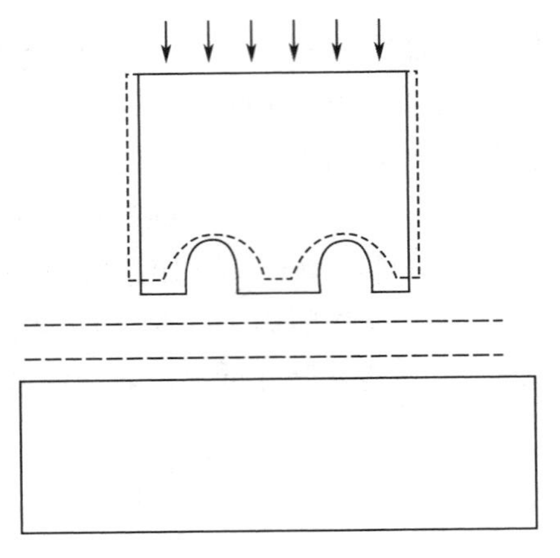

图 6.10　仿生表面的变形示意图

6.3　本章小结

本章利用摩擦磨损试验机对仿生表面的减阻耐磨性能进行测试,研究不同直径及间距对仿生表面的减阻耐磨性能的影响,并探究仿生表面在滑动摩擦状态下的减阻耐磨特性机理,得到如下结论:

(1)在相同的摩擦载荷情况下,仿生表面试件的摩擦系数与试件表面粗糙度有关。当直径为 200 μm 时,仿生表面试件的摩擦系数较低,其平均摩擦系数为 0.45,且试件的摩擦系数振幅变化不大,这说明该试件的表面粗糙度较低,其减阻效果较为突出。当直径为 200 μm 时,仿生表面试件的磨损量最小,其平均磨损量为 8.5 mg,这说明该仿生表面的耐磨性能最好。

(2)当间距为 300 μm 时,仿生表面试件的摩擦系数较低,其平均摩擦系数为 0.48,且试件的摩擦系数振幅变化不大,这说明该试件的表面粗糙度较低,其减阻效果较为突出。当间距为 300 μm 时,仿生表面试件的磨损量最小,其平均磨损量为 8.4 mg,这说明该仿生表面的耐磨性能最好。当间距分别为 200 μm 和 400 μm 时,两试件的磨损量均较大,其平均磨损量分别为 13.5 mg 和 15.8 mg,这说明上述两试件的耐磨性能较差。

(3)在仿生表面的磨损过程中,上试件和下试件的摩擦表面均受到一定程度的磨损,其磨损过程主要分为三个阶段:跑合阶段、稳定磨损阶段以及急速磨损阶段。在摩擦副的稳定磨损阶段,微凹坑仿生表面的减阻耐磨特性主要表现在仿生表面的平整化效应、贮屑效应、空穴减阻效应以及形变减压效应等方面。

第 7 章　脉冲-喷射电沉积镍基 AlN 纳米仿生镀层工艺优化

为提高仿生表面试件的显微硬度、耐磨性能以及耐腐蚀性能，本章采用脉冲-喷射电沉积方法，在试件表面制备镍基 AlN 纳米仿生镀层，研究脉冲-喷射电沉积镍基 AlN 纳米仿生镀层的动力学机理，并探究脉冲-喷射电沉积工艺参数对镍基 AlN 纳米仿生镀层性能的影响。

在脉冲-喷射电沉积制备镍基 AlN 纳米仿生镀层过程中，复合镀液中分散的 AlN 纳米粒子的粒径、形状、含量、均匀分布程度等因素均与所制备镀层的特性密切相关。在这些影响因素中，AlN 纳米粒子本身的性状在实验之前即可确定，其在镀层中的均匀分布程度受超声波搅拌方式的影响，因此镍基 AlN 纳米仿生镀层的性能主要取决于复合镀液中 AlN 纳米粒子含量，即 AlN 纳米粒子浓度。除此之外，复合镀液中的电流密度、镀液喷射速率、脉冲占空比以及极间距等工艺参数对镍基 AlN 纳米仿生镀层的性能均有一定影响。

在此基础上，利用正交试验法对脉冲-喷射电沉积镍基 AlN 纳米仿生镀层的工艺参数进行优化，从而确定出脉冲-喷射电沉积镍基 AlN 纳米仿生镀层的最佳工艺参数组合。

7.1　脉冲-喷射电沉积动力学机理分析

7.1.1　金属镍离子与 AlN 纳米粒子的沉积过程

在脉冲-喷射电沉积制备镍基 AlN 纳米仿生镀层过程中，脉冲-喷射电沉积过程主要经历液质传相、前置转换、电子转移和形成晶体等过程，上述过程决定了镍基 AlN 纳米仿生镀层的沉积速率。此外，在脉冲-喷射电沉积过程中，镀液的流动形态可提高液质传相的速度，这对制备镍基 AlN 纳米仿生镀层的沉积效率有着非常大的影响。液质传相主要包括电迁移、对流以及扩散等三种传相方式。其中，电迁移是指镀液中电解质受到电场力作用而产生的定向流动；对流是指金属离子和纳米粒子随镀液的流动而运动，这既包括由镀液的浓度差和温度差引起对流，还包括电沉积过程中析出的气体搅动镀液而引起的对流；扩散是指金属离子和纳米粒子在镀液中由高浓度向低浓度运动的过程。一般来说，金属镍离子与 AlN 纳米粒子的沉积过程主要包括如下步骤：

(1) 镀液中金属镍离子和带电的 AlN 纳米粒子向阴极表面扩散；

(2) 金属镍原子在阳极表面发生前置转换，形成金属镍离子；

(3) 金属镍离子在阴极表面发生电子转移，形成吸附在阴极表面的镍原子；

(4) 由异相基体表面吸附的镍原子经过表面扩散后，使镍原子运动到点缺陷或位错等位置；

(5) 大量的镍原子在上述位置聚集，从而形成新的金属镍核；

(6) 随着脉冲-喷射电沉积的继续进行，被还原的金属镍原子在晶格上生长，从而形成晶体；

(7) 与此同时，金属镍晶粒对 AlN 纳米粒子进行包裹，从而形成镍基 AlN 纳米仿生镀层。

在金属镍离子与 AlN 纳米粒子的沉积过程中，如果阴极是仿生表面试件，那么该沉积过程就可制备出镍基 AlN 纳米仿生镀层。

7.1.2　金属镍离子的电极反应

由于 AlN 纳米粒子不发生电化学反应，故在脉冲-喷射电沉积制备镍基 AlN 纳米仿生镀层过程中，只有镀液中的金属镍离子发生电化学反应。其具体电化学反应方程式如下：

$$Ni^{2+}+2e \rightarrow Ni \tag{7.1}$$

此外，在脉冲-喷射电沉积过程中，金属镍离子携带 AlN 纳米粒子在阴极表面以一定的电极反应速度进行沉积，从而制备出镍基 AlN 纳米仿生镀层。在此过程中，金属镍离子的电极反应速度计算公式如下：

$$D_f = nFD_i \frac{c_i^o - c_i^s}{\delta} \tag{7.2}$$

式中　D_f——金属镍离子的电极反应速度，mol/(m^2 · min)；

n——金属镍离子的价电子数；

F——法拉第常数；

D_i——镍离子的扩散常数；

c_i^o——镀液的浓度,g/L;

c_i^s——阴极附近镀液扩散层的浓度,g/L;

δ——镀液扩散层的厚度,mm。

当镀液扩散层的厚度 δ 趋于 0 时,金属镍离子的电极反应速度最大。因此,减小镀液扩散层的厚度,可显著提高金属镍离子的电极反应速度。采用脉冲-喷射电沉积技术,可显著增加镀液的传质速率,并减小镀液扩散层的厚度。在脉冲-喷射电沉积镍基 AlN 纳米仿生镀层时,镀液扩散层厚度的计算公式如下:

$$\delta = D_i^{1/3}\mu^{1/6}z^{1/2}u_d^{-1/2} \tag{7.3}$$

式中 D_i——金属镍离子的扩散系数;

u_d——镀液沿电极切向的运动速度,mm/s;

μ——镀液的黏滞系数,Pa·s;

z——喷嘴到试件冲击点的距离,mm。

由公式(7.3)可知,当镀液的成分和含量不变时,镍离子的扩散系数、镀液沿电极切向的运动速度、镀液的黏滞系数以及喷嘴到试件冲击点的距离都会影响镍基 AlN 纳米仿生镀层的制备。其中,镍离子的扩散系数与脉冲电参数有直接关系;镀液沿电极切向的运动速度则是由镀液的喷射速率、喷嘴结构等参数决定的;镀液的黏滞系数与镀液中 AlN 纳米粒子的浓度有关;喷嘴到试件冲击点的距离则是阳极与阴极间的距离,即极间距。因此,在脉冲-喷射电沉积镍基 AlN 纳米仿生镀层时,需要系统研究脉冲电参数(电流密度和脉冲占空比)、AlN 纳米粒子浓度、镀液喷射速率以及极间距对镍基 AlN 纳米仿生镀层的影响规律,以便制备出综合性能优异的镍基 AlN 纳米仿生镀层。

7.1.3 金属镍离子的结晶过程

在脉冲-喷射电沉积镍基 AlN 纳米仿生镀层过程中,当阴极极化达到金属析出的电位时,金属镍离子就会发生结晶现象,从而形成镍晶核。在镍晶核形成过程中,脉冲-喷射电沉积体系中的自由能 ΔG 会发生变化,其具体变化公式如下:

$$\Delta G = \pi r_c^2 h\rho nF\eta_c/A + 2\pi r_c h\gamma_1 + \pi r_c^2(\gamma_1 + \gamma_2 + \gamma_3) \tag{7.4}$$

式中 r_c——镍晶核临界晶核半径,nm;

h——晶核原子的高度,nm;

ρ——金属镍的密度,kg/m³;

n——镍离子的价电子数;

F——法拉第常数；

η_c——阴极表面的过电位，V；

A——镍的相对原子质量；

γ_1——晶核与镀液界面的张力，N/m；

γ_2——晶核与电极界面的张力，N/m；

γ_3——电极与镀液界面的张力，N/m。

当自由能 ΔG 小于 0 时，镀液中的金属镍离子才会形成镍晶核。然而，脉冲-喷射电沉积体系中的自由能 ΔG 与镍晶核的临界晶核半径 r_c 有关，只有当镍晶核的临界晶核半径达到一定数值时，镍晶核才能稳定存在。一般来说，镍晶核临界晶核半径 r_c 的计算公式如下：

$$r_c = \frac{h\gamma_1}{h\rho nF\eta_c/A - (\gamma_1 + \gamma_2 - \gamma_3)} \tag{7.5}$$

式中　h——晶核原子的高度，nm；

ρ——金属镍的密度，kg/m^3；

n——镍离子的价数；

F——法拉第常数；

η_c——阴极表面的过电位，V；

A——镍的相对原子质量；

γ_1——晶核与镀液界面张力，N/m；

γ_2——晶核与电极界面张力，N/m；

γ_3——电极与镀液界面张力，N/m。

此外，在脉冲-喷射电沉积镍基 AlN 纳米仿生镀层过程中，镍晶核的形核速度(v)与阴极表面的过电位有关，其计算公式如下：

$$v = K\exp\left(-\frac{\pi h\gamma LA}{\rho nFRT\eta_c}\right) \tag{7.6}$$

式中　h——晶核原子的高度，nm；

γ——界面张力，N/m；

L——阿伏伽德罗常数；

A——镍的相对原子质量；

ρ——金属镍的密度，kg/m^3；

n——镍离子的价数；

F——法拉第常数；

R——摩尔气体常数；

T——温度,℃;

η_c——阴极表面的过电位,V。

由此可见,在脉冲-喷射电沉积镍基 AlN 纳米仿生镀层过程中,阴极的电流密度对金属镍晶粒的形核和晶粒大小有直接关系。为此,需要对脉冲-喷射电沉积工艺参数进行系统研究,从而为制备综合性能优异的镍基 AlN 纳米仿生镀层提供一定技术支撑。

7.2 工艺参数对镍基 AlN 纳米仿生镀层性能的影响

7.2.1 电流密度对纳米仿生镀层 AlN 粒子复合量及显微硬度的影响

在脉冲-喷射电沉积镍基 AlN 纳米仿生镀层时,由于镀液的流动速度对金属镍离子与 AlN 纳米粒子具有强烈的搅拌作用,显著降低了镀液的扩散层厚度。而且,较快的流动速度能增强镀液对阴极试件的冲击作用,进而加快试件表面氢气的析出速率。此外,在脉冲-喷射电沉积镍基 AlN 纳米仿生镀层过程中,阴极的电流密度对金属镍晶粒的形核和晶粒大小有直接关系。因此,研究电流密度对脉冲-喷射电沉积镍基 AlN 纳米仿生镀层性能的影响规律,对提高镀层的综合性能具有重要意义。为此,本节主要研究电流密度对镍基 AlN 纳米仿生镀层 AlN 粒子复合量及显微硬度的影响。

在其他参数(镀液温度为 50 ℃、镀液 pH 为 5、施镀时间为 45 min、AlN 纳米粒子浓度为 6 g/L、镀液流速为 0.5 m/s、脉冲占空比为 30%、极间距为 8 mm)相同条件下,电流密度从 5 A/dm^2 增大到 30 A/dm^2 时,脉冲-喷射电沉积镍基 AlN 纳米仿生镀层的 AlN 纳米粒子复合量及显微硬度随电流密度变化曲线如图 7.1 所示。

从图 7.1 中可知,当电流密度从 5 A/dm^2 持续增大到 30 A/dm^2 时,镍基 AlN 纳米仿生镀层的 AlN 粒子复合量和显微硬度均呈现“先增大后减小”的变化趋势。当电流密度为 20 A/dm^2 时,镍基 AlN 纳米仿生镀层的 AlN 粒子复合量和显微硬度均达到最大值(10.2 wt.%和 805 HV)。上述现象归因于,当电流密度较小时,脉冲-喷射电沉积的电场力较弱,导致阴极吸附 Ni^{2+} 离子与 AlN 纳米粒子的能力较弱,故沉积到镍基 AlN 纳米仿生镀层的 AlN 纳米粒子较少,使得 AlN 纳米粒子对纳米仿生镀层的细晶强化作用效果不明显。因此,镍基 AlN 纳米仿生镀层的 AlN 复合量和显微硬度均较低。当电流密度达到 20 A/dm^2 时,脉冲-喷射电沉积的电场力明显增强，使得镀液中 Ni^{2+} 离子和 AlN 纳米粒子的共沉积速率得到提高，故沉积到纳米仿生镀层的 AlN 纳米粒子数量较多，AlN 纳米粒子的细晶强化作用使得镀层显微硬度也达到最大。因此，当电流密度为 20 A/dm² 时，镍基 AlN 纳米仿生镀层的 AlN 粒子复合量和显微硬度均高达 10.2 wt.%和 805 HV。然而，继续增加电流密度，使得阴极表面的析氢反应加剧，大量析出的氢气阻碍了 Ni^{2+} 离子和 AlN 纳米粒子向阴极表面沉积，故纳米仿生镀层的 AlN 纳米粒子复合量有所减少，镀层的显微硬度也随之降低。因此，在脉冲-喷射电沉积镍基 AlN 纳米仿生镀层时，应控制脉冲电源的电流密度在 20 A/dm² 为宜。

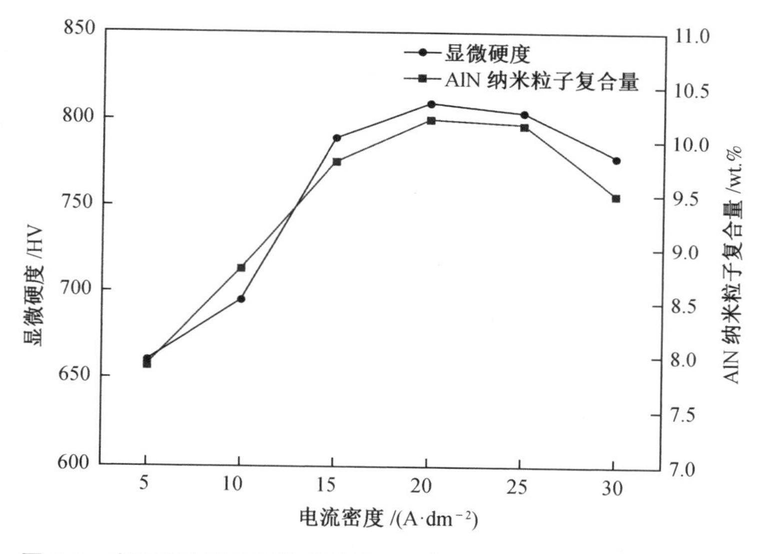

图 7.1　电流密度对纳米仿生镀层 AlN 粒子复合量及显微硬度的影响

7.2.2　AlN 纳米粒子浓度对纳米仿生镀层 AlN 粒子复合量及显微硬度的影响

AlN 纳米粒子作为镍基 AlN 纳米仿生镀层的增强相，其添加量及分散程度对纳米仿生镀层的性能有重要影响。在其他参数（镀液温度为 50℃、镀液 pH 为 5、施镀时间为 45 min、电流密度为 20 A/dm²、镀液流速为 0.5 m/s、脉冲占空比为 30%、极间距为 8 mm）相同条件下，AlN 纳米粒子浓度从 2 g/L 增大到 12 g/L 时，脉冲-喷射电沉积镍基 AlN 纳米仿生镀层的 AlN 纳米粒子复合量和显微硬度随 AlN 纳米粒子浓度变化曲线如图 7.2 所示。

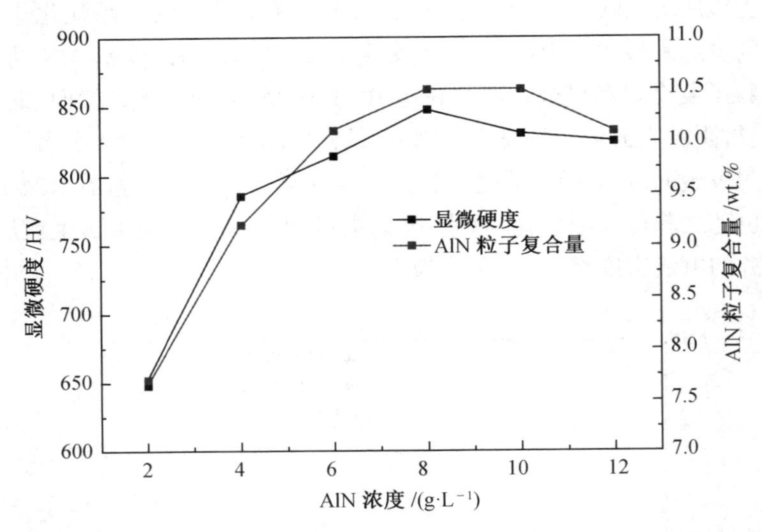

图 7.2　AlN 纳米粒子浓度对纳米仿生镀层 AlN 粒子复合量及显微硬度的影响

从图 7.2 中可知,随着镀液中 AlN 纳米粒子浓度的升高,镍基 AlN 纳米仿生镀层的 AlN 纳米粒子复合量呈现“急剧增加—维持稳定—略有降低”的趋势。然而,纳米仿生镀层的显微硬度则呈现“急剧增加—略有降低”的趋势。

当镀液中 AlN 纳米粒子浓度为 8 g/L 时,纳米仿生镀层的 AlN 纳米粒子复合量和显微硬度均达到最大值。这是因为,作为硬度较高的强化相,AlN 纳米粒子的复合量与镀层的显微硬度成正相关。当镀液中 AlN 纳米粒子的浓度较低时,单位时间内沉积到阴极表面的 AlN 粒子数量也较少,导致镍基 AlN 纳米仿生镀层的 AlN 复合量和显微硬度均较低。当镀液中 AlN 纳米粒子浓度为 8 g/L 时,纳米仿生镀层的 AlN 纳米粒子复合量达到最大值,故其显微硬度也达到最大值。然而,当 AlN 纳米粒子浓度超过 8 g/L 时,过高的 AlN 纳米粒子使得镀液的黏度迅速增大,导致 Ni^{2+} 离子和 AlN 纳米粒子向阴极表面沉积的阻力增大,故在单位时间内沉积到纳米仿生镀层的 AlN 纳米粒子复合量降低,使得纳米仿生镀层的显微硬度也略有降低。因此,在脉冲-喷射电沉积镍基 AlN 纳米仿生镀层时,应选择 8 g/L 的 AlN 纳米粒子浓度为宜。

7.2.3　镀液喷射速率对纳米仿生镀层 AlN 粒子复合量及显微硬度的影响

由脉冲-喷射电沉积动力学机理可知,镀液的喷射速率对脉冲-喷射电沉积镍基 AlN 纳米仿生镀层的性能有较大影响。在其他参数(镀液温度 50 ℃、镀液 pH 为 5、施镀时间为 45 min、电流密度为 20 A/dm^2、AlN 纳米粒子浓度为 8 g/L、脉冲占空比为 30%、极间距为 8 mm)相同条件下,镀液的喷射速率从 0.2 m/s 增大到 0.8 m/s 时,脉冲-喷射电沉积镍基 AlN 纳米仿生镀层的 AlN 纳米粒子复合量及显微硬度随镀液喷射速率的变化曲线如图 7.3 所示。

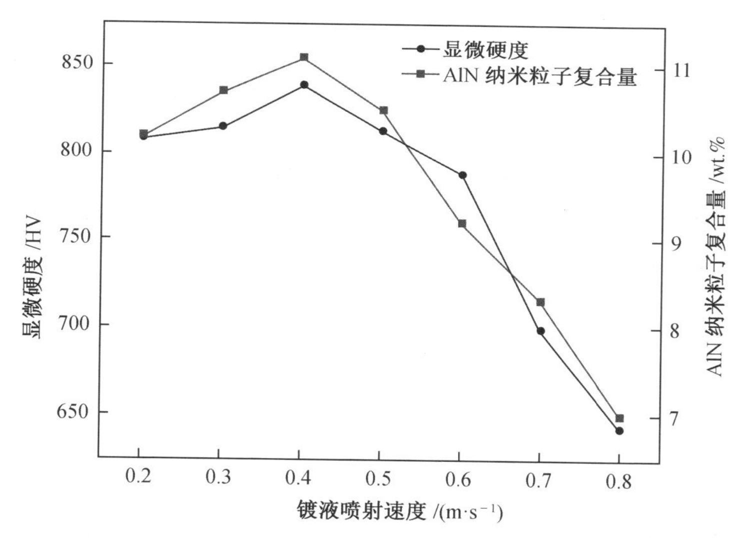

图 7.3　镀液喷射速率对镍基 AlN 纳米仿生镀层 AlN 粒子复合量及显微硬度的影响

从图 7.3 中可知,随着镀液喷射速率的持续增加,镍基 AlN 纳米仿生镀层的显微硬度和 AlN 纳米粒子复合量曲线均呈现“缓慢上升—急剧下降”的趋势。当镀液喷射速率为 0.4 m/s 时,镍基 AlN 纳米仿生镀层的显微硬度和 AlN 纳米粒子复合量均达到最大值。这是因为,镀液喷射速率能够显著地影响镀液对试件表面的冲击力和镀液中 AlN 粒子的沉积速率。当镀液喷射速率较低时,镀液对试件表面的冲击力较小。同时,镀液对 AlN 纳米粒子的沉积速率影响也较弱,导致在单位时间内沉积到镍基 AlN 纳米仿生镀层的 AlN 纳米粒子复合量较少,故纳米仿生镀层的显微硬度也较低。当采用适宜的镀液喷射速率(如 0.4 m/s)时,镀液对试件表面的冲击力不仅能促进 AlN 纳米粒子的沉积,还能提高纳米仿生镀层与试件基体的结合强度和显微硬度。然而,当镀液的喷射速率过大时,强大的镀液冲击力会破坏刚刚形成的纳米仿生镀层,使其表面存在一定缺陷。同时,过度的镀液冲击力也使得弱吸附在镀层表面的 AlN 粒子重新被冲刷到镀液中,从而造成纳米仿生镀层的 AlN 纳米粒子复合量降低,故镀层的显微硬度也随之降低。因此,在脉冲-喷射电沉积镍基 AlN 纳米仿生镀层时,应保持镀液的喷射速率在 0.4 m/s 为宜。

7.2.4 脉冲占空比对纳米仿生镀层 AlN 粒子复合量及显微硬度的影响

一般来说,脉冲占空比是正向脉冲时间与脉冲周期之比。在脉冲-喷射电沉积镍基 AlN 纳米仿生镀层过程中,改变电源的脉冲占空比,可显著影响纳米仿生镀层的 AlN 纳米粒子复合量及显微硬度。在其他参数(镀液温度为 50℃、镀液 pH 为 5、施镀时间为 45 min、电流密度为 20 A/dm^2、AlN 纳米粒子为 8 g/L、极间距为 8 mm、喷射速度为 0.4 m/s)相同条件下,当脉冲占空比从 10%增大到 60%时,脉冲-喷射电沉积镍基 AlN 纳米仿生镀层的 AlN 纳米粒子复合量及显微硬度随脉冲占空比的变化曲线如图 7.4 所示。

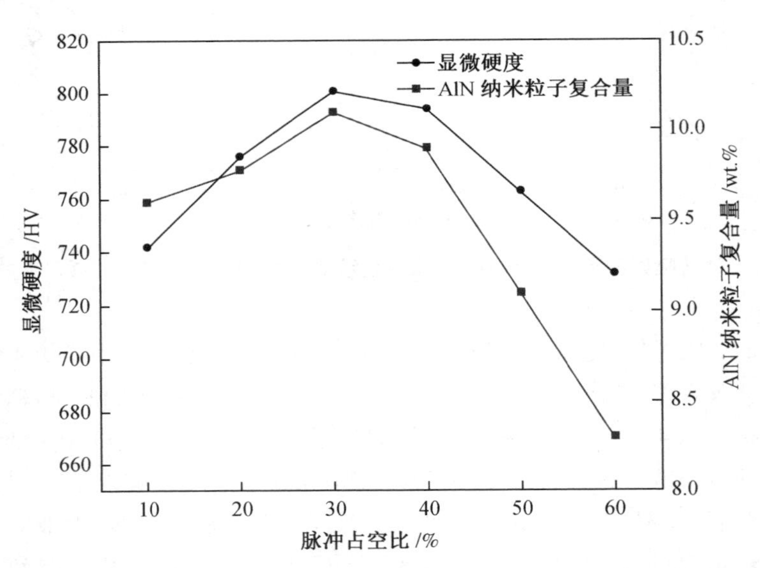

图 7.4 脉冲占空比对镍基 AlN 纳米仿生镀层 AlN 纳米粒子复合量及显微硬度的影响

从图 7.4 中可知,随着脉冲占空比的持续增加,镍基 AlN 纳米仿生镀层的显微硬度值曲线和 AlN 纳米粒子复合量曲线均呈现“缓慢上升—急剧下降”的趋势。当脉冲占空比为 30%时,镍基 AlN 纳米仿生镀层的 AlN 纳米粒子复合量和显微硬度均达到最大值。这是因为,电源的脉冲占空比决定着峰值电流密度的大小。其数学表达式如下:

$$I_m = I_j \cdot R^{-1} \tag{7.7}$$

式中　I_m——峰值电流密度,A/dm^2;

I_j——平均电流密度,A/dm^2;

R——脉冲占空比。

由公式(7.7)可知,在脉冲-喷射电沉积镍基 AlN 纳米仿生镀层过程中,脉冲占空比与峰值电流密度呈反比。当脉冲占空比较小时,脉冲-喷射电沉积的峰值电流密度很大,导致阴极表面出现严重的析氢现象,这将影响 AlN 纳米粒子与金属镍离子的共沉积速率。此外,阴极表面析出的氢气导致纳米仿生镀层出现大量的麻点和凹坑,增大了纳米仿生镀层的脆性。因此,当脉冲占空比较小时,脉冲-喷射电沉积镍基 AlN 纳米仿生镀层的 AlN 纳米粒子复合量及其显微硬度均较小。当脉冲占空比为 30%时,脉冲-喷射电沉积的峰值电流能显著提高 AlN 纳米粒子与金属镍离子的共沉积速率。此外,适宜的脉冲占空比能够降低阴极表面的氢气析出量。同时,阴极表面附近的金属镍离子和 AlN 纳米粒子有足够时间得到补充,故保证了大量的金属镍离子和 AlN 纳米粒子沉积到纳米仿生镀层中。因此,镍基 AlN 纳米仿生镀层的 AlN 纳米粒子复合量和显微硬度均达到最大值。然而,当脉冲占空比过大时,电流的断开时间会减少,导致阴极表面附近的金属镍离子和 AlN 纳米粒子不能得到及时补充,降低了沉积到纳米仿生镀层中的金属镍离子和 AlN 纳米粒子数量,导致镀层的 AlN 纳米粒子复合量迅速减少。同时,镍基 AlN 纳米仿生镀层的显微硬度也迅速降低。因此,在脉冲-喷射电沉积镍基 AlN 纳米仿生镀层时,应保持脉冲占空比在 30%为宜。

7.2.5　极间距对纳米仿生镀层 AlN 粒子复合量及显微硬度的影响

在脉冲-喷射电沉积镍基 AlN 纳米仿生镀层过程中,阳极镍喷嘴与阴极试件表面的极间距对纳米仿生镀层有很大影响。在其他参数(镀液温度为 50 ℃、镀液 pH 为 5、施镀时间为 45 min、电流密度为 20 A/dm^2、AlN 纳米粒子为 8 g/L、脉冲占空比为 30%、喷射速度为 0.4 m/s)相同条件下,极间距从 4 mm 增大到 14 mm 时,脉冲-喷射电沉积镍基 AlN 纳米仿生镀层的 AlN 纳米粒子复合量及显微硬度随极间距的变化曲线如图 7.5 所示。

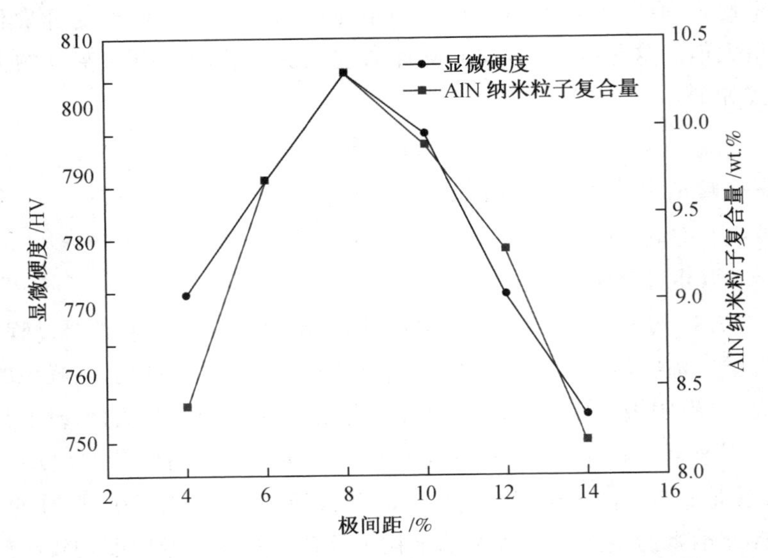

图 7.5　极间距对纳米仿生镀层 AlN 纳米粒子复合量及显微硬度的影响

从图 7.5 中可知，随着极间距的持续增大，镍基 AlN 纳米仿生镀层的显微硬度曲线和 AlN 纳米粒子复合量曲线均呈现“急剧上升—急剧下降”的趋势。当极间距为 8 mm 时，镍基 AlN 纳米仿生镀层的显微硬度和 AlN 纳米粒子复合量均达到最大值。这是因为，阳极镍喷嘴与阴极试件表面的极间距会显著影响阴极和阳极间的电力线分布。当极间距较小时，镍喷嘴与试件表面的电力线分布较集中，镍离子在试件表面的还原速率也较快，这会引起镍晶粒快速形核，并杂乱无章地生长，导致 AlN 纳米粒子不能及时地与金属镍离子沉积，故镍基 AlN 纳米仿生镀层中的 AlN 纳米粒子复合量较低，其显微硬度也较小。然而，当极间距过大时，镍喷嘴与试件表面的电力线分布较分散，使得镍离子还原速率降低，导致试件表面的纳米仿生镀层生长速率较慢，甚至有些镍离子还未达到阴极表面便已形核和生长，故进入纳米仿生镀层的 AlN 纳米粒子数量降低。因此，镍基 AlN 纳米仿生镀层的显微硬度和 AlN 纳米粒子复合量均迅速降低。鉴于此，在脉冲-喷射电沉积镍基 AlN 纳米仿生镀层时，应保持极间距在 8 mm 为宜。

7.3　脉冲-喷射电沉积镍基 AlN 纳米仿生镀层工艺参数优化

由上述分析可知,在脉冲-喷射电沉积镍基 AlN 纳米仿生镀层时,电流密度、AlN 纳米粒子浓度、镀液喷射速率、脉冲占空比以及极间距对镍基 AlN 纳米仿生镀层的显微硬度和 AlN 纳米粒子复合量有很大影响。为了确定脉冲-喷射电沉积镍基 AlN 纳米仿生镀层的最佳工艺参数组合,本节采用正交试验法对其工艺参数进行优化。

7.3.1　正交试验方案设计

正交试验法是一种用于研究多因素和多水平的试验设计方法,它可避免试验因反复验证而造成严重的资源浪费。此外,正交试验法最突出的优点是它能从众多工艺参数因素中优化出最具代表性的实验结果。为此,本节针对上述主要工艺参数进行正交试验设计。将电流密度 A(A/dm^2)、AlN 纳米粒子浓度 B(g/L)、镀液喷射速率 C(m/s)、脉冲占空比 D(%)以及极间距 E(mm)设置为正交试验的主要因素,利用 MPA-33 型摩擦磨损试验机对镍基 AlN 纳米仿生镀层的耐磨性能进行测试,将纳米仿生镀层的磨损量作为正交试验评价指标。本正交试验因素水平表见表7.1。

表 7.1　正交试验因素水平表

水平	因素				
	A 电流密度 /(A·dm^{-2})	B AlN 纳米粒子浓度/(g·L^{-1})	C 镀液喷射速率 /(m·s^{-1})	D 脉冲占空比 /%	E 极间距 /mm
1	10	6	0.2	10	7
2	15	8	0.3	20	8
3	20	10	0.4	30	9
4	25	12	0.5	40	10

7.3.2　正交试验结果

采用上述正交试验因素水平表,利用脉冲-喷射电沉积制备出 16 组镍基 AlN 纳米仿生镀层试件,对镀层进行摩擦磨损试验,并测量镀层试件的磨损量。其最终试验结果见表 7.2;正交试验结果分析见表 7.3。其中,K_1、K_2、K_3 和 K_4 分别为 1、2、3 和 4 水平所对应的试验指标的数值总和,$K_{1平}$、$K_{2平}$、$K_{3平}$ 和 $K_{4平}$ 分别为 1、2、3 和 4 水平所对应的试验指标的数值平均值。

表 7.2　正交试验结果表

试验号	因素					指标
	A 电流密度 /(A · dm^{-2})	*B* AlN 纳米粒子浓度/(g · L^{-1})	*C* 镀液喷射速率 /(m · s^{-1})	*D* 脉冲占空比 /%	*E* 极间距 /mm	磨损量 /mg
1	1(10)	1(6)	1(0.2)	1(10)	1(7)	21.4
2	1(10)	2(8)	2(0.3)	2(20)	2(8)	17.5
3	1(10)	3(10)	3(0.4)	3(30)	3(9)	15.0
4	1(10)	4(12)	4(0.5)	4(40)	4(10)	11.1
5	2(15)	1(6)	2(0.3)	3(30)	4(10)	12.1
6	2(15)	2(8)	1(0.2)	4(40)	3(9)	13.5
7	2(15)	3(10)	4(0.5)	1(10)	2(8)	11.0
8	2(15)	4(12)	3(0.4)	2(20)	1(7)	8.5
9	3(20)	1(6)	3(0.4)	4(40)	2(8)	7.7
10	3(20)	2(8)	4(0.5)	3(30)	1(7)	8.1
11	3(20)	3(10)	1(0.2)	2(20)	4(10)	9.2
12	3(20)	4(12)	2(0.3)	1(10)	3(9)	11.0
13	4(25)	1(6)	4(0.5)	2(20)	3(9)	12.1
14	4(25)	2(8)	3(0.4)	1(10)	4(10)	9.0
15	4(25)	3(10)	2(0.3)	4(40)	1(7)	10.4
16	4(25)	4(12)	1(0.2)	3(30)	2(8)	13.5

表 7.3　正交试验结果分析表

K	A 电流密度 /(A · dm^{-2})	B AlN 纳米粒子 浓度/(g · L^{-1})	C 镀液喷射速率 /(m · s^{-1})	D 脉冲占空比 /%	E 极间距 /mm
K_1	65	53.3	57.6	52.4	48.4
K_2	45.1	48.1	51	47.3	49.7
K_3	36	45.6	40.2	48.7	51.6
K_4	45	44.1	42.3	42.7	41.4
$K_{1平}$	16.3	13.3	14.4	13.1	12.1
$K_{2平}$	11.3	12.0	12.8	11.8	12.4
$K_{3平}$	9.0	11.4	10.1	12.2	12.9
$K_{4平}$	11.3	11.0	10.6	10.7	10.4
极差	7.3	2.3	4.3	2.4	2.5

7.3.3　正交试验结果分析

由表 7.2 可知，在 9 号工艺参数组合条件下，脉冲-喷射电沉积制得的镍基 AlN 纳米仿生镀层的磨损量最小，平均磨损量为 7.7 mg，这说明该纳米仿生镀层的耐磨性能最佳。此时，制备该镀层的工艺参数组合为 $A_3B_1C_3D_4E_2$（电流密度为 20 A/dm^2、AlN 纳米粒子浓度为 6 g/L、镀液喷射速率为 0.4 m/s、脉冲占空比为 40%、极间距为 8 mm）。

一般来说，正交试验的极差主要表示某因素对实验结果影响程度的大小。由表 7.3 可知，脉冲-喷射电沉积镍基 AlN 纳米仿生镀层的各主要因素的影响顺序为：电流密度>镀液喷射速率>极间距>脉冲占空比>AlN 纳米粒子浓度。通过以上分析可知，脉冲-喷射电沉积制得的镍基 AlN 纳米仿生镀层的另一组最佳工艺参数组合为 $A_3B_4C_3D_4E_4$（电流密度为 20 A/dm^2、AlN 纳米粒子浓度为 12 g/L、镀液喷射速率为 0.4 m/s、脉冲占空比为 40%、极间距为 10 mm）。

为了进一步优化出最佳制备镍基 AlN 纳米仿生镀层的工艺参数组合，本书对 $A_3B_1C_3D_4E_2$ 和 $A_3B_4C_3D_4E_4$ 工艺参数组合制得的镀层试件进行摩擦磨损性能测试，结果见表 7.4。

表 7.4　不同工艺参数组合制备镍基 AlN 纳米仿生镀层的磨损量

工艺	磨损量					
	磨损量 1 /mg	磨损量 2 /mg	磨损量 3 /mg	磨损量 4 /mg	磨损量 5 /mg	平均磨损量 /mg
$A_3B_1C_3D_4E_2$	7.5	7.9	7.8	7.7	7.6	7.7
$A_3B_4C_3D_4E_4$	8.3	8.2	8.6	8.1	8.4	8.3

由表 7.4 可知,采用 $A_3B_4C_3D_4E_4$ 工艺参数组合条件下,脉冲-喷射电沉积制得的镍基 AlN 的镍基 AlN 纳米仿生镀层的平均磨损量为 8.3 mg,其值高于采用 $A_3B_1C_3D_4E_2$ 参数组合制得的镍基 AlN 纳米仿生镀层的平均磨损量。因此,本书确定 $A_3B_1C_3D_4E_2$(电流密度为 20 A/dm^2、AlN 纳米粒子浓度为 6 g/L、镀液喷射速率为 0.4 m/s、脉冲占空比为 40%、极间距为 8 mm)为脉冲-喷射电沉积镍基 AlN 纳米仿生镀层的最佳工艺参数组合。

7.4　本章小结

本章首先研究了脉冲-喷射电沉积镍基 AlN 纳米仿生镀层的动力学机理,并探究了脉冲-喷射电沉积工艺参数对镍基 AlN 纳米仿生镀层性能的影响。然后,利用正交试验法对脉冲-喷射电沉积镍基 AlN 纳米仿生镀层的工艺参数进行优化,并确定出脉冲-喷射电沉积镍基 AlN 纳米仿生镀层的最佳工艺参数组合。针对上述研究得到以下结论:

(1)当电流密度从 5 A/dm^2 持续增大到 30 A/dm^2 时,镍基 AlN 纳米仿生镀层的 AlN 粒子复合量和显微硬度均呈现“先增大后减小”的变化趋势。当电流密度为 20 A/dm^2 时,镍基 AlN 纳米仿生镀层的 AlN 粒子复合量和显微硬度均达到最大值(10.2 wt.%和 805 HV)。

(2)随着镀液中 AlN 纳米粒子浓度的升高,镍基 AlN 纳米仿生镀层的 AlN 纳米粒子复合量呈现“急剧增加—维持稳定—略有降低”的趋势。然而,纳米仿生镀层的显微硬度则呈现“急剧增加—略有降低”的趋势。当镀液中 AlN 纳米粒子浓度为 8 g/L 时,纳米仿生镀层的 AlN 纳米粒子复合量和显微硬度均达到最大值。

(3)随着镀液喷射速率的持续增大,镍基 AlN 纳米仿生镀层的显微硬度和 AlN

纳米粒子复合量曲线均呈现“缓慢上升—急剧下降”的趋势。当镀液喷射速率为0.4 m/s时，镍基AlN纳米仿生镀层的显微硬度和AlN纳米粒子复合量均达到最大值。

（4）随着脉冲占空比的持续增大，镍基AlN纳米仿生镀层的显微硬度值曲线和AlN纳米粒子复合量曲线均呈现“缓慢上升—急剧下降”的趋势。当脉冲占空比为30%时，镍基AlN纳米仿生镀层的AlN纳米粒子复合量和显微硬度均达到最大值。

（5）随着极间距的持续增大，镍基AlN纳米仿生镀层的显微硬度曲线和AlN纳米粒子复合量曲线均呈现“急剧上升—急剧下降”的趋势。当极间距为8 mm时，镍基AlN纳米仿生镀层的显微硬度和AlN纳米粒子复合量均达到最大值。

（6）利用正交试验法，优化出脉冲-喷射电沉积镍基AlN纳米仿生镀层的最佳工艺参数组合为$A_3B_1C_3D_4E_2$。然后，将其与$A_3B_4C_3D_4E_4$工艺参数组合进行对比实验，最终确定出$A_3B_1C_3D_4E_2$（电流密度为20 A/dm^2、AlN纳米粒子浓度为6 g/L、镀液喷射速率为0.4 m/s、脉冲占空比为40%、极间距为8 mm）为脉冲-喷射电沉积镍基AlN纳米仿生镀层的最佳工艺参数组合。

第 8 章　脉冲-喷射电沉积镍基 AlN 纳米仿生镀层性能研究

纳米仿生镀层的性能不仅受仿生结构的影响,还与镀层的制备方式有关。为此,本章分别采用直流电沉积(电流密度为 20 A/dm^2)、脉冲电沉积(脉冲占空比为 30%、电流密度为 20 A/dm^2)、脉冲-喷射电沉积(电流密度为 20 A/dm^2、AlN 纳米粒子浓度为 6 g/L、镀液喷射速率为 0.4 m/s、脉冲占空比为 40%、极间距为 8 mm)制备镍基 AlN 纳米仿生镀层,研究不同的沉积方式对纳米仿生镀层组织结构和性能的影响。

8.1　沉积方式对镍基 AlN 纳米仿生镀层组织结构的影响

8.1.1　沉积方式对镍基 AlN 纳米仿生镀层 SEM 的影响

采用直流电沉积、脉冲电沉积和脉冲-喷射电沉积制得的镍基 AlN 纳米仿生镀层表面形貌照片如图 8.1 所示。

从图 8.1 中可以看出,采用直流电沉积方法制得的镍基 AlN 纳米仿生镀层表面凹凸不平,大量的 AlN 纳米粒子团聚在一起,形成较大的基团。另外,该镀层表面存在较深的裂痕和凹陷。与直流电沉积方法相比,采用脉冲电沉积制备的镍基 AlN 纳米仿生镀层表面较为平整,镀层中 AlN 纳米粒子的团聚现象也不严重,且镀层表面无较大的空隙和裂缝存在。同时,该镀层的金属晶粒尺寸得到明显细化。这是由于脉冲电沉积过程存在电流断开过程,使得阴极附近的金属镍离子和 AlN 纳米粒子能及时得到补充,进而金属镍离子和 AlN 纳米粒子能均匀地沉积到镀层中,故该纳米仿生镀层表面较为平整,镀层中 AlN 纳米粒子的团聚现象也不严重。

由图 8.1(c)可以看出,采用脉冲-喷射电沉积制备的镍基 AlN 纳米仿生镀层表面光滑、平整,且组织结构细小、致密。此外,大量的 AlN 纳米粒子镶嵌于镀层中。一方面,脉冲电流有利于金属镍离子和 AlN 纳米粒子在纳米仿生镀层的沉积,并有效地降低镀液的浓差极化,增加镍晶粒的形核率。另一方面,适宜的镀液喷射速率不仅能加速镀液的传质过程,提高 AlN 纳米粒子的沉积速率,还能对 AlN 纳米粒子进行充分搅拌,进而抑制 AlN 纳米粒子的团聚。

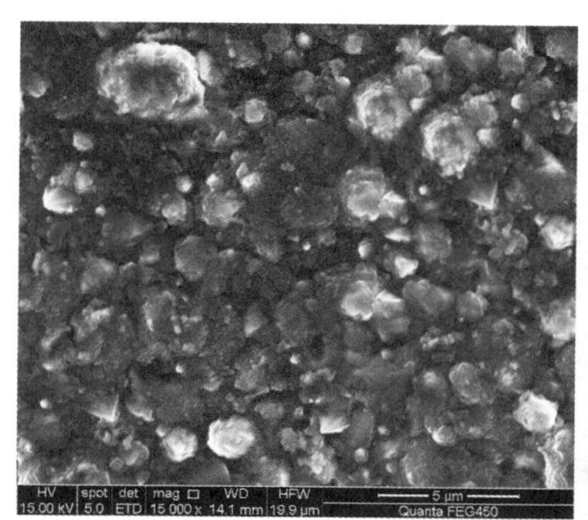

(a) 直流电沉积

(b) 脉冲电沉积

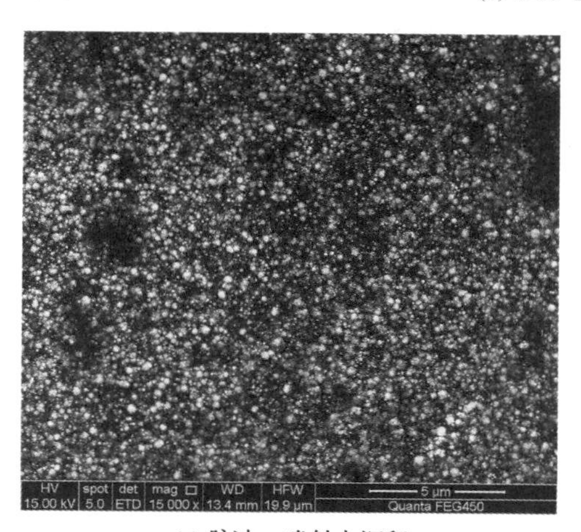

(c) 脉冲 - 喷射电沉积

图 8.1　沉积方式对镍基 AlN 纳米仿生镀层 SEM 的影响

8.1.2　沉积方式对镍基 AlN 纳米仿生镀层 AFM 的影响

采用直流电沉积、脉冲电沉积和脉冲-喷射电沉积制备镍基 AlN 纳米仿生镀层,其原子力显微镜形貌如图 8.2 所示。

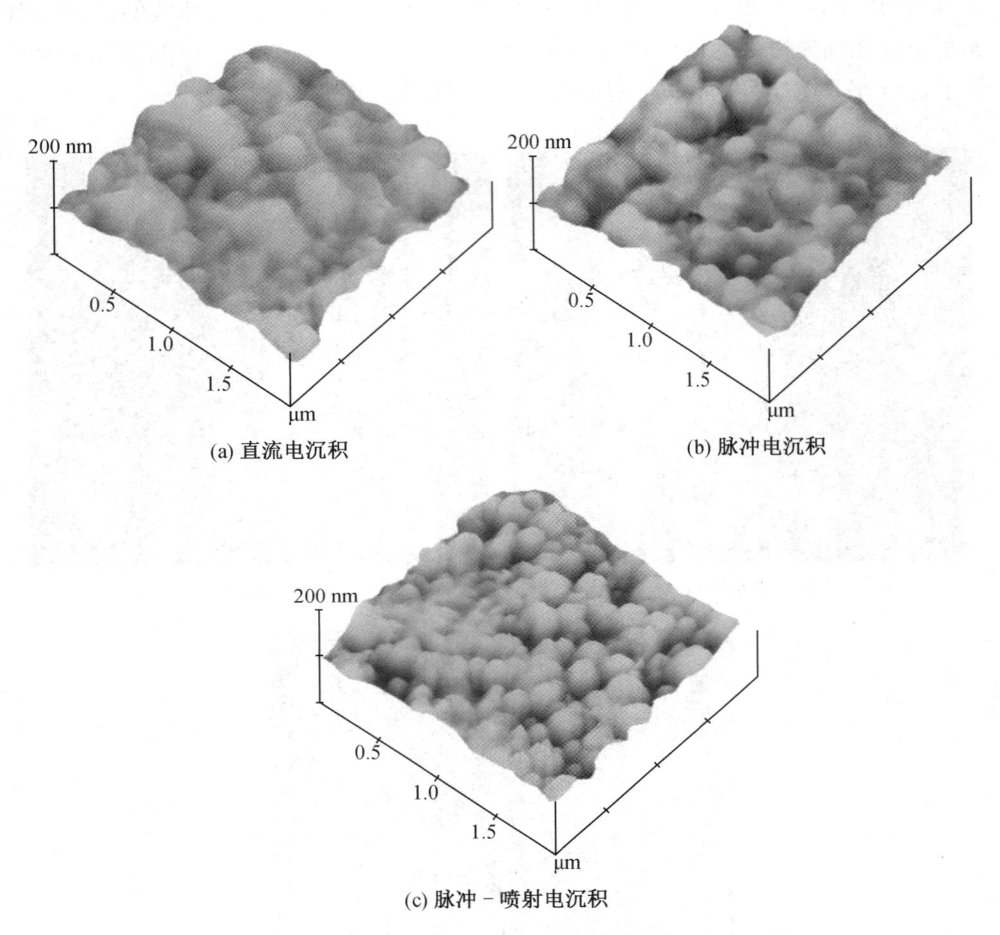

(a) 直流电沉积 (b) 脉冲电沉积

(c) 脉冲 - 喷射电沉积

图 8.2 沉积方式对镍基 AlN 纳米仿生镀层 AFM 的影响

从图 8.2 中可以明显看出,采用直流电沉积方法制得的镍基 AlN 纳米仿生镀层表面凹凸不平,镍晶粒尺寸较大。相比之下,采用脉冲电沉积制得的镍基 AlN 纳米仿生镀层表面较平整,且镍晶粒尺寸明显减小。然而,采用脉冲-喷射电沉积制得的镍基 AlN 纳米仿生镀层,其表面最为平整紧凑,且镍晶粒的尺寸最小,分布也最为均匀。由此可见,上述结果与 SEM 结果相一致,采用本研究方法制备的镍基 AlN 纳米仿生镀层具有更好的微观结构。产生该现象的主要原因在于脉冲电流和镀液喷射速率对脉冲-喷射电沉积过程起到一定的促进作用。适宜的脉冲电流和镀液喷射速率能够有效地增强 AlN 纳米粒子的分散程度,促进金属镍离子与 AlN 纳米粒子的共沉积速率,进而使得镀层中存在大量细小的 AlN 纳米粒子。然而,细小且均匀分布的 AlN 纳米粒子可有效抑制镍晶粒的生长。因此,采用脉冲-喷射电沉积方法,可以获得表面平整,且组织细密的镍基 AlN 纳米仿生镀层。

8.1.3　沉积方式对镍基 AlN 纳米仿生镀层 TEM 的影响

采用直流电沉积、脉冲电沉积和脉冲-喷射电沉积制得镍基 AlN 纳米仿生镀层,其在透射电子显微镜下的组织结构如图 8.3 所示。

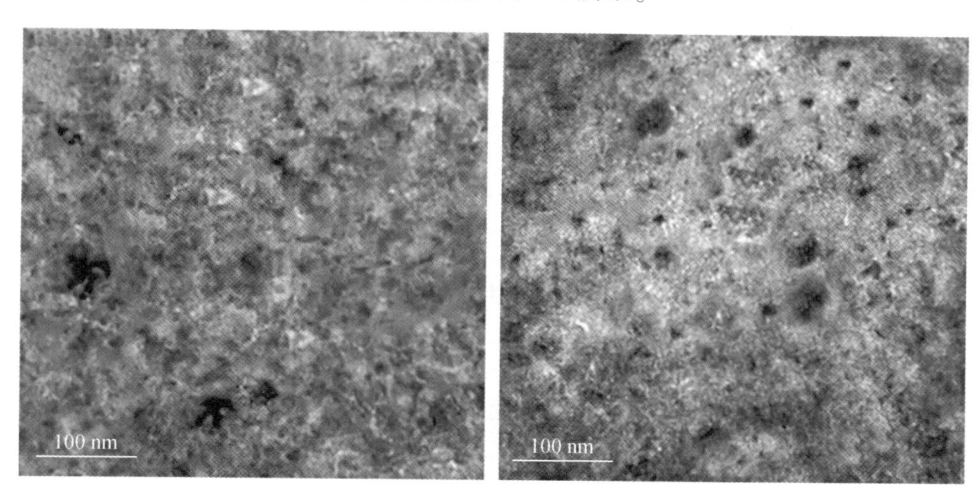

(a) 直流电沉积　　(b) 脉冲电沉积

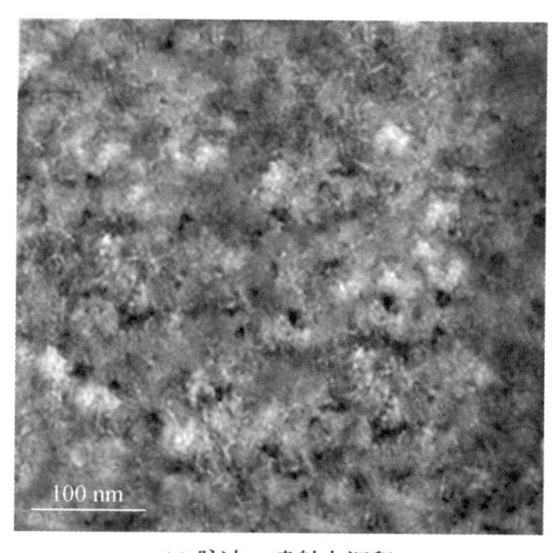

(c) 脉冲 - 喷射电沉积

图 8.3　沉积方式对镍基 AlN 纳米仿生镀层 TEM 的影响

由图 8.3 可观察到,采用直流电沉积法制得的镍基 AlN 纳米仿生镀层,其内部存在尺寸较大的 AlN 纳米粒子基团。相比之下,采用脉冲电沉积制得的镍基 AlN 纳米仿生镀层,其组织内部的 AlN 纳米粒子尺寸较小,镍晶粒的尺寸也略有减小。然而,在脉冲-喷射电沉积镍基 AlN 纳米仿生镀层中,AlN 纳米粒子均匀分散于镀层中,其平均粒径在 35~45 nm 左右。由此可见,适宜的脉冲-喷射电沉积参数可获得组织致密且 AlN 纳米粒子尺寸细小的镍基 AlN 纳米仿生镀层。产生该现象的主要原因在于在脉冲-喷射电沉积过程中,AlN 纳米颗粒的加入抑制了镍晶粒的生长,导致镍基 AlN 纳米复合镀层的晶粒直径小于镍涂层。AlN 纳米颗粒分散在镍基 AlN 纳米复合涂层中,提高了镍金属晶体的成核数,抑制了晶粒的生长。此外,超声波发生器产生的激波会破坏较大的镍颗粒,从而产生较小的镍原子核。通过中强度超声脉冲处理,脉冲-喷射电沉积制备的镍基 AlN 纳米复合镀层中的 AlN 纳米颗粒均匀分散,使复合材料具有良好的性能和致密结构。

8.1.4 沉积方式对镍基 AlN 纳米仿生镀层 XRD 的影响

采用 X 射线衍射方法对直流电沉积、脉冲电沉积和脉冲-喷射电沉积制得的镍基 AlN 纳米仿生镀层进行测试分析,其测试结果如图 8.4 所示。

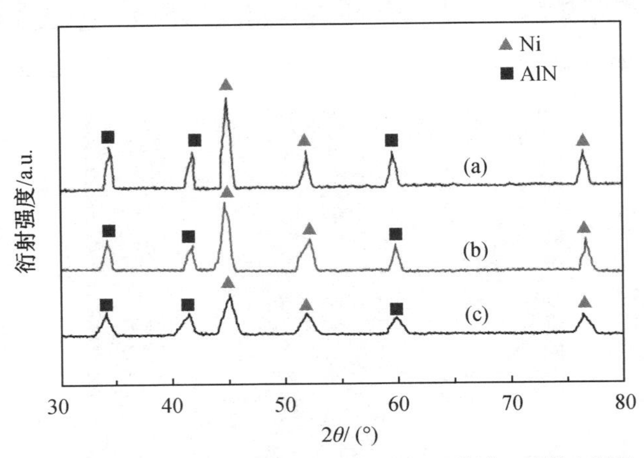

(a)—直流电沉积; (b)—脉冲电沉积; (c) —脉冲 - 喷射电沉积。

图 8.4 沉积方式对镍基 AlN 纳米仿生镀层 XRD 的影响

由图 8.4 可知,上述三种沉积方式制备的镍基 AlN 纳米仿生镀层均存在镍相和 AlN 相。镍相的强衍射峰出现在衍射角 $2\theta=44.82°$、$52.21°$和 $76.77°$的位置,分别对应镍的(1 1 1)、(2 0 0)和(2 2 0)晶面。AlN 相的三个强衍射峰分别出现在 $2\theta=34.62°$、$42.54°$和 $59.86°$的位置。根据 Debye-Scherre 公式(8.1),可计算出镍晶粒与 AlN 纳米粒子的平均粒径尺寸。在脉冲-喷射电沉积制得的镀层中,镍晶粒和 AlN 纳米粒子的平均晶粒分别为 54.1 nm 和 41.3 nm。

$$D=\frac{K\lambda}{\beta\cos\theta} \tag{8.1}$$

式中　D——晶粒垂直于晶面方向的平均粒径,nm;

K——Scherrer 常数,$K=0.89$;

β——试件的衍射峰半高宽,rad;

λ——衍射峰的波长,nm。

由图 8.4 还可知,直流电沉积制得的镍基 AlN 纳米仿生镀层,其镍晶粒的衍射峰最高。而脉冲-喷射电沉积制得的镍基 AlN 纳米仿生镀层,其镍晶粒的衍射峰则最低。由此可见,直流电沉积制备的镍基 AlN 纳米仿生镀层,其组织晶粒粗大;而脉冲-喷射电沉积制得的镍基 AlN 纳米仿生镀层,其组织晶粒最为细小。这一结果可以归因于超声波发生器激波加速了电化学反应,促进了 AlN 纳米粒子和镍晶体的共沉积。

8.2　沉积方式对镍基 AlN 纳米仿生镀层性能的影响

8.2.1　沉积方式对镍基 AlN 纳米仿生镀层硬度的影响

采用直流电沉积、脉冲电沉积和脉冲-喷射电沉积制得镍基 AlN 纳米仿生镀层,利用本书 4.1 节镍基 AlN 纳米仿生镀层显微硬度测试方法对三种方式制备的镀层做显微硬度测试,其测试结果如图 8.5 所示。

由图 8.5 可知,脉冲-喷射电沉积制备的镍基 AlN 纳米仿生镀层的显微硬度最高,其最大值为 807 HV;相比之下,脉冲电沉积制得的镍基 AlN 纳米仿生镀层略低,其显微硬度为 782 HV;然而,直流电沉积制得的纳米仿生镀层,其显微硬度仅为 734 HV。造成上述现象的原因在于:

(1)AlN 作为强化相纳米粒子,其本身就具有超高的硬度;

(2)镍基 AlN 纳米仿生镀层的显微硬度还与 AlN 粒子复合量和分布状态有关,脉冲-喷射电沉积可以获得 AlN 粒子复合量高的镍基 AlN 纳米仿生镀层,且镀层中的 AlN 纳米粒子均匀分布。

(3) AlN 纳米粒子与镍晶粒在共沉积过程中,AlN 纳米粒子起到细化作用和钉扎晶界作用,能有效地减小镍晶粒的尺寸,并能阻止镍晶粒发生位错。因此,在脉冲-喷射电沉积制备的镍基 AlN 纳米仿生镀层中显示出大量的 AlN 纳米颗粒,且分布均匀,并发生了分散硬化效应,AlN 纳米粒子的复合量最高,镀层中的镍晶粒尺寸也最为细小。因此,在上述三种镀层中,脉冲-喷射电沉积制备的镍基 AlN 纳米仿生镀层的显微硬度最高。

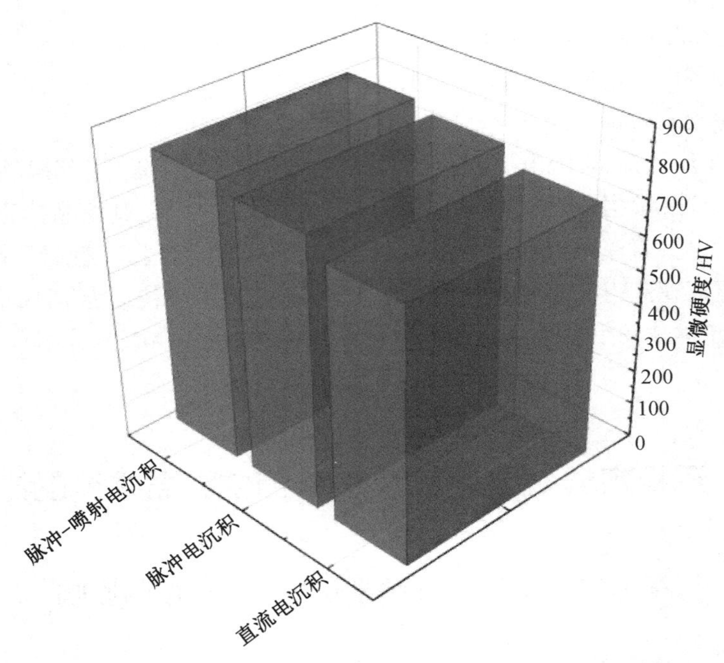

图 8.5　沉积方式对镍基 AlN 纳米仿生镀层显微硬度的影响

8.2.2　沉积方式对镍基 AlN 纳米仿生镀层耐磨性能的影响

采用直流电沉积、脉冲电沉积和脉冲-喷射电沉积制得镍基 AlN 纳米仿生镀层,利用本书 4.5 节镍基 AlN 纳米仿生镀层耐磨性能测试方法对三种方式制备的镀层做耐磨性能测试实验,其摩擦系数和磨损形貌如图 8.6 和图 8.7 所示。

从图 8.6 中可以看出,采用直流电沉积法制得的镍基 AlN 纳米仿生镀层,其平均摩擦系数为 0.75,其最高摩擦系数为 0.82;采用脉冲电沉积制得的镍基 AlN 纳米仿生镀层,其摩擦系数相对较低,其平均摩擦系数为 0.58;采用脉冲-喷射电沉积制得的镍基 AlN 纳米仿生镀层,其摩擦系数最低,其平均摩擦系数为 0.41,且该摩擦系数的振动幅度最小。造成上述现象的原因是:脉冲电沉积比直流电沉积制得的镍基 AlN 纳米仿生镀层表面平整度较好,镀层的 AlN 纳米粒子复合量和显微硬度均较高,故脉冲电沉积纳米仿生镀层的摩擦系数相对较低。然而,脉冲-喷射电沉积法在脉冲电沉积的基础上,使镀液具有一定的喷射速率,这明显促进了 AlN 纳米粒子的分散程度,并增强镍离子的传输速度,从而制备出显微硬度高、组织细密、AlN 纳米粒子分布均匀的镍基 AlN 纳米仿生镀层。因此,采用脉冲-喷射电沉积制得的纳米仿生镀层,其摩擦系数最低,且摩擦系数的振动幅度最小。

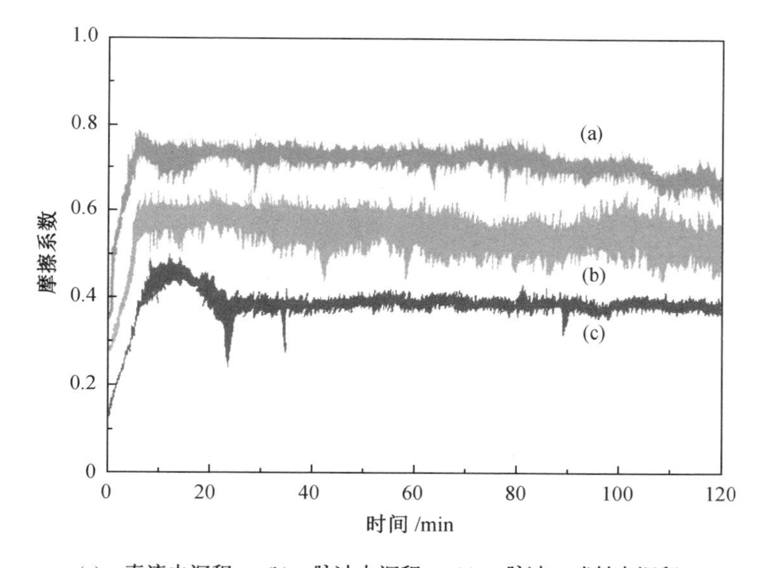

(a)—直流电沉积; (b)—脉冲电沉积; (c)—脉冲-喷射电沉积。

图 8.6　沉积方式对镍基 AlN 纳米仿生镀层摩擦系数的影响

从图 8.6 中还可看出,上述镀层的摩擦系数在实验刚开始时由零迅速提高至一定数值,然后在该数值附近小范围浮动,这一结果与第 5.4.2 节摩擦副的摩擦应力分析过程相类似,摩擦实验过程初期,镀层接触面摩擦系数呈现线性增长趋势;在摩擦一定时间后,接触面间摩擦系数在极短时间内突然上升,并在上升后迅速发生轻微下降,随后保持摩擦系数值在一定范围内稳定波动。此外,图 8.6 中还存在一些突变,这是由于镀层表面存在许多凹坑,磨 40Cr 钢球经过时,导致钢球剧烈跳动,从而形成了镀层摩擦系数曲线的突变。

图 8.7 显示了经过一定时间的摩擦磨损实验后,镍基 AlN 纳米仿生镀层的表面形态特征。可知,在相同的摩擦磨损实验条件下,直流电沉积镍基 AlN 纳米仿生

镀层的磨损程度最为严重，其表面存在大量深的划痕和凹坑，部分镀层组织发生脱落现象，且试件基体的许多也被磨损掉；脉冲电沉积镍基 AlN 纳米仿生镀层的磨损程度较轻，表面划痕和凹槽数量相对较少，但仍有一些较深的划痕出现；脉冲-喷射电沉积镍基 AlN 纳米仿生镀层的磨损程度最轻，表面形貌光滑且完整，镀层表面存在一些少量的细微划痕。由此可知，采用脉冲-喷射电沉积方法制备的镍基 AlN 纳米仿生镀层在摩擦磨损实验中的耐磨性能最佳。这是因为，在超声波激振力的条件下，AlN 纳米颗粒产生增强分散的作用，AlN 的共沉积增强了复合材料的耐磨性。另外，镍基 AlN 纳米仿生镀层的耐磨性能不仅与仿生结构有关，还受镀层显微硬度的影响。在电镀过程中，镍基 AlN 纳米仿生镀层具有均匀分散的 AlN 颗粒，复合材料表面硬度较高、显微硬度较高的镀层，其耐磨性能就好。同时，该复合材料具有较高的强度和稳定性。

(a) 直流电沉积

(b) 脉冲电沉积

(c) 脉冲－喷射电沉积

图 8.7　沉积方式对镍基 AlN 纳米仿生镀层磨损形貌的影响

8.2.3　沉积方式对镍基 AlN 纳米仿生镀层腐蚀量的影响

采用本书 4.6 节的中性盐雾试验法对直流电沉积、脉冲电沉积和脉冲-喷射电沉积制得的镍基 AlN 纳米仿生镀层进行耐腐蚀性能测试，利用 BS240 型电子分析天平测量纳米仿生镀层的腐蚀量，其结果如图 8.8 所示。

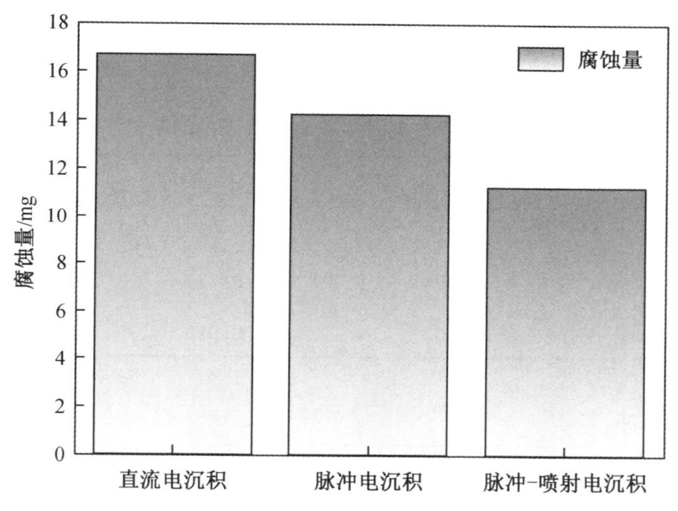

图 8.8　沉积方式对镍基 AlN 纳米仿生镀层腐蚀量的影响

由图 8.8 可知，直流电沉积镍基 AlN 纳米仿生镀层的腐蚀量最大，其平均腐蚀量为 16.4 mg；脉冲电沉积纳米仿生镀层的平均腐蚀量为 14.3 mg；脉冲-喷射电沉积镍基 AlN 纳米仿生镀层的腐蚀量最小，其平均腐蚀量仅为 11.6 mg。通常情况下，纳米仿生镀层的耐腐蚀性能与镀层表面的微观结构有很大关系。在直流电沉积镍基 AlN 纳米仿生镀层中，其晶体尺寸较大，且结构疏松，NaCl 腐蚀液很容易浸入镀层内部，大量的金属镍晶粒与腐蚀液接触，并发生化学反应，从而使该镀层发生严重的腐蚀，故其腐蚀量最大。然而，脉冲-喷射电沉积镍基 AlN 纳米仿生镀层中可以形成较小尺寸的镍颗粒，镍基 AlN 纳米仿生镀层的组织结构细小、致密，使得 NaCl 腐蚀液很难浸入镀层内部，有效防止了其与复合涂层发生接触反应。表面越粗糙，腐蚀就越严重，涂层与氯化钠蚀刻溶液之间的反应也越有利。仅有表面的金属镍晶粒与 NaCl 腐蚀液发生化学反应，故脉冲-喷射电沉积镍基 AlN 纳米仿生镀层的耐腐蚀性能最佳。

8.2.4 沉积方式对镍基 AlN 纳米仿生镀层电化学性能的影响

采用直流电沉积、脉冲电沉积和脉冲-喷射电沉积制得镍基 AlN 纳米仿生镀层,采用本书 4.6 节电化学腐蚀试验的电化学工作站对三种方法制备的镍基 AlN 纳米仿生镀层进行电化学性能测试实验,其电化学腐蚀参数和极化曲线如表 8.1 和图 8.9 所示。其中,E_{corr} 为镀层试件的腐蚀电位,I_{corr} 为镀层试件的腐蚀电流,J_{corr} 为镀层试件的自腐蚀电流密度。

表 8.1 镍基 AlN 纳米仿生镀层在腐蚀溶液中的电化学腐蚀参数

沉积方式	E_{corr}/V	I_{corr}/mA	J_{corr}/(mA · cm^{-2})
直流电沉积	-0.517	0.037	0.037
脉冲电沉积	-0.494	0.023	0.023
脉冲-喷射电沉积	-0.462	0.016	0.016

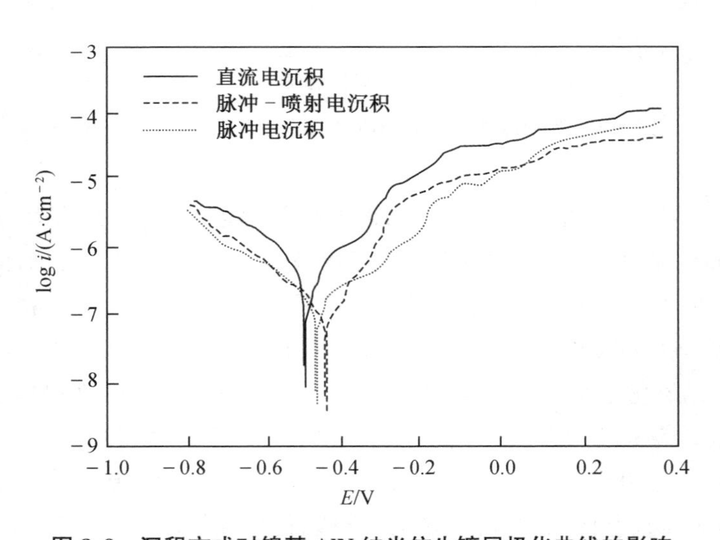

图 8.9 沉积方式对镍基 AlN 纳米仿生镀层极化曲线的影响

由图 8.9 可知，直流电沉积镍基 AlN 纳米仿生镀层的极化曲线偏向负方向，且腐蚀电位较高；相比之下，脉冲电沉积镍基 AlN 纳米仿生镀层的极化曲线稍向正方向移动；脉冲-喷射电沉积镍基 AlN 纳米仿生镀层的极化曲线则最靠正向，且其腐蚀电位值为-0.462 V。

一般来说，镀层的腐蚀速率与其自腐蚀电流密度成正比，它们之间的数学表达式如下：

$$v = 3.73 \times 10 - 4 \frac{M}{n} \cdot J_{\mathrm{corr}} \tag{8.2}$$

式中　v——镀层的腐蚀速率，mg/s；

M——镍原子的摩尔质量，mg/mol；

n——得失电子数。

由表 8.1 和式(8.2)可知，直流电沉积镍基 AlN 纳米仿生镀层的自腐蚀电流密度最大(0.037 mA/cm^2)，故该镀层的腐蚀速率最高，即耐腐蚀性能最差；脉冲-喷射电沉积镍基 AlN 纳米仿生镀层的自腐蚀电流密度最小(0.016 mA/cm^2)，故该镀层的腐蚀速率最小，即耐腐蚀性最好。脉冲-喷射电沉积镍基 AlN 纳米仿生镀层的耐腐蚀性能最好，这与中性盐雾试验法测得的结果相一致。

采用直流电沉积、脉冲电沉积和脉冲-喷射电沉积制得镍基 AlN 纳米仿生镀层，其交流阻抗图谱如图 8.10 所示。由图 8.10 可知，沉积方式对镍基 AlN 纳米仿生镀层交流阻抗的影响很大。脉冲-喷射电沉积纳米仿生镀层的交流阻抗曲率半径最大，而直流电沉积纳米仿生镀层的交流阻抗曲率半径最小。一般来说，镀层阻抗图谱的交流阻抗曲率半径与其阻抗成正比。由此可知，脉冲-喷射电沉积镍基 AlN 纳米仿生镀层的阻抗最大，这说明该镀层的耐腐蚀性能最强。这是因为，脉冲-喷射电沉积镍基 AlN 纳米仿生镀层的 AlN 粒子复合量高，且分布最为均匀。AlN 纳米粒子能够对镍晶粒起到很好的细化强化作用，促使镀层的微观结构变得更加致密，从而使得腐蚀液难以浸入镀层内部，故镀层的耐腐蚀性能得到大幅提高。

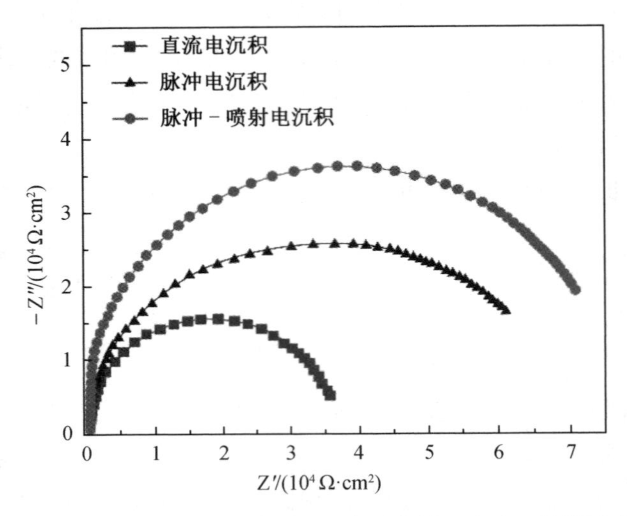

图 8.10 沉积方式对镍基 AlN 纳米仿生镀层交流阻抗的影响

8.3 本章小结

本章分别采用直流电沉积、脉冲电沉积和脉冲-喷射电沉积制备镍基 AlN 纳米仿生镀层，研究不同的沉积方式对纳米仿生镀层组织结构和性能的影响，并对纳米仿生镀层的表面形貌、组织结构、相组成、耐磨性能和耐腐蚀性能进行测试，得到以下结论：

(1)采用直流电沉积方法制得的镍基 AlN 纳米仿生镀层表面凹凸不平，大量的 AlN 纳米粒子团聚在一起，形成较大的基团。另外，该镀层表面存在较深的裂痕和凹陷。然而，采用脉冲-喷射电沉积制备的镍基 AlN 纳米仿生镀层表面光滑、平整，且组织结构细小、致密。此外，大量的 AlN 纳米粒子镶嵌于纳米仿生镀层中。

(2)三种沉积方式制备的镍基 AlN 纳米仿生镀层均存在镍相和 AlN 相。镍相的强衍射峰出现在衍射角 $2\theta=44.82^\circ$、52.21° 和 76.77° 的位置，分别对应镍的(1 1 1)、(2 0 0)和(2 2 0)晶面。AlN 相的三个强衍射峰分别出现在 $2\theta=34.62^\circ$、42.54° 和 59.86° 的位置。另外，在脉冲-喷射电沉积制得的镀层中，镍晶粒和 AlN 纳米粒子的平均晶粒分别为 54.1 nm 和 41.3 nm。

(3)脉冲-喷射电沉积制备的镍基 AlN 纳米仿生镀层的显微硬度最高，其最大值为 807 HV;相比之下,脉冲电沉积制得的镍基 AlN 纳米仿生镀层略低,其显微硬度为 782 HV;然而,电沉积制得的纳米仿生镀层,其显微硬度仅为 734 HV。

(4)脉冲-喷射电沉积镍基 AlN 纳米仿生镀层的磨损程度最轻,镀层表面存在一些少量的细微划痕。由此可知,脉冲-喷射电沉积镍基 AlN 纳米仿生镀层的耐磨性能最佳。另外,脉冲-喷射电沉积纳米仿生镀层的交流阻抗曲率半径最大,而直流电沉积纳米仿生镀层的交流阻抗曲率半径最小。由此可知,脉冲-喷射电沉积镍基 AlN 纳米仿生镀层的阻抗最大,这说明该镀层的耐腐蚀性能最强。

第 9 章　电流密度对镍基 AlN 纳米仿生镀层性能的影响

纳米仿生镀层的性能不仅与仿生结构和镀层制备方式有关,还受镀层制备工艺参数的影响。由第 7 章研究结果可知,影响镍基 AlN 纳米仿生镀层质量的最主要工艺参数是电流密度。为此,本章在前文所述最佳工艺参数条件下,控制电流密度分别为 10 A/dm^2、20 A/dm^2、30 A/dm^2,采用脉冲-喷射电沉积方法,在 45 钢试件表面制备镍基 AlN 纳米仿生镀层,并利用扫描电子显微镜、透射电子显微镜和 X 射线衍射仪、观察镍基 AlN 纳米仿生镀层的组织形貌;利用 MPA-33 型摩擦磨损试验机和电化学工作站测试镍基 AlN 纳米仿生镀层的耐磨损和耐腐蚀性能,以评估电流密度大小对镍基 AlN 纳米仿生镀层性能的影响。

9.1　电流密度对镍基 AlN 纳米仿生镀层组织结构的影响

9.1.1　电流密度对镍基 AlN 纳米仿生镀层 SEM 的影响

在不同电流密度条件下,采用脉冲-喷射电沉积方法,在 45 钢试件表面制备镍基 AlN 纳米仿生镀层,其 SEM 测试结果如图 9.1 所示。

由图 9.1 可知,当电流密度为 10 A/dm^2 时,镍基 AlN 纳米仿生镀层表面 AlN 纳米粒子分布不均匀,表面凸凹不平,AlN 纳米粒子团聚现象严重,且伴有许多裂纹存在。另外,纳米仿生镀层中的镍晶粒也较粗大,且镀层表面结构疏松。当电流密度为 20 A/dm^2 时,纳米仿生镀层表面平整光滑,AlN 纳米粒子均匀地分散在镀层中,且镍晶粒的尺寸较小,粒子间排列紧密。当电流密度为 30 A/dm^2 时,纳米仿生镀层表面有较深的凹坑和少量空隙,AlN 纳米粒子团聚成较大的基团,镍晶粒的尺寸也较大,镀层表面呈现凹凸不平的状态,且有大量孔隙。

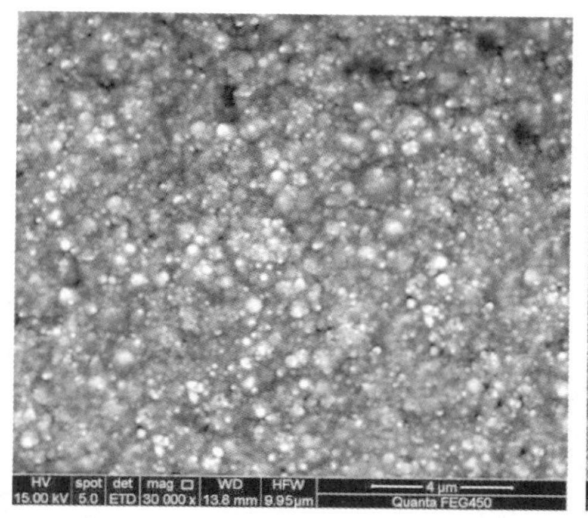

(a) 电流密度 10 A/dm²

(b) 电流密度 20 A/dm²

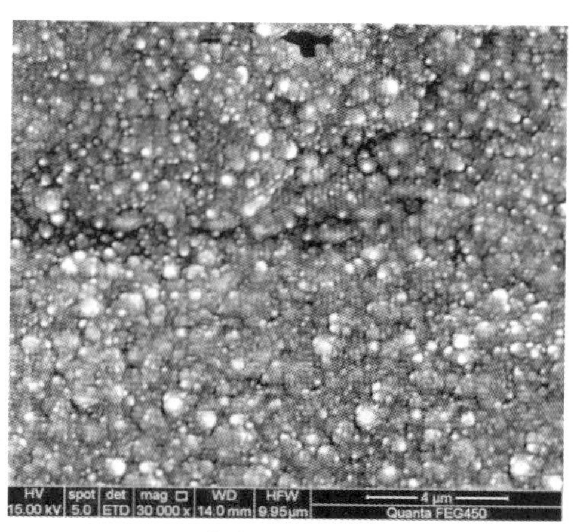

(c) 电流密度 30 A/dm²

图 9.1　电流密度对镍基 AlN 纳米仿生镀层 SEM 的影响

产生上述现象的原因在于，当电流密度较低时，阴极表面的过电位较低，导致金属镍晶体的形核速率较低。因此，镍基 AlN 纳米仿生镀层的镍晶粒尺寸粗大，且多数晶粒沿倾斜结晶平面生长，从而镀层表面形成许多台阶状晶粒，此时，晶粒间出现沟壑，镀层凸凹不平，镀层表面结构疏松。此外，当电流密度较低时，阴极和阳极间的电场力也较弱，AlN 纳米粒子向阴极移动推动力较低，使得 AlN 纳米粒子和镍离子的共沉积速率也较低，使镀层中 AlN 复合量较低，无法充分细化镍晶粒，这也是导致镀层表面结构疏松的主要原因之一。随着电流密度的不断增大，阴极表面的过电位也逐渐升高，镍晶粒的形核速率增加。同时，AlN 纳米粒子和镍离子的共沉积速率也迅速增加,使得大量的 AlN 纳米粒子沉积到纳米仿生镀层中。AlN 纳米粒子的细晶强化作用,为镍离子提供了大量的形核点,并有效抑制镍晶粒的长大。因此,当电流密度为 20 A/dm^2 时,电化学极化增大,阴极过电位升高,镍晶粒形核率增加,此时镍晶粒能有效包裹 AlN 纳米粒子,并且由于 AlN 纳米粒子具有小尺寸效应,能消除镀层中的残余应力,使得 AlN 纳米粒子均匀地分散在镀层中,且镍晶粒的尺寸较小,纳米仿生镀层表面平整光滑,结构致密。当电流密度过高时,阴极表面析出大量的氢气,导致镍晶粒在阴极表面的沉积受到限制,故纳米仿生镀层表面有较深的凹坑和少量空隙。另外,由于阴极表面电流密度过高,阴极处反应剧烈,镀液浓差极化加剧,本身带正电的 AlN 纳米粒子被大量电子包围,使 AlN 纳米粒子带负电,并以较大的基团沉积到阴极表面,导致 AlN 纳米粒子的细晶强化作用明显降低。尽管脉冲-喷射电沉积过程中镀液的流动能起到一定的消除氢气、降低浓差极化的作用,但效果十分有限,不能完全抵消电流密度过高的影响。故镀层中镍晶粒的尺寸也较大,镀层表面呈现凹凸不平的状态。

9.1.2 电流密度对镍基 AlN 纳米仿生镀层 TEM 的影响

在不同电流密度条件下,采用脉冲-喷射电沉积方法,在 45 钢试件表面制备镍基 AlN 纳米仿生镀层,其 TEM 测试结果如图 9.2 所示。

由图 9.2 可知,当电流密度为 10 A/dm^2 时,镍基 AlN 纳米仿生镀层内部的 AlN 粒子复合量少,且分布不均匀。当电流密度为 20 A/dm^2 时,纳米仿生镀层中的 AlN 粒子复合量明显增多,且分布也均匀。另外,镀层的镍晶粒尺寸最小,镀层的致密性和平整度也较好。当电流密度为 30 A/dm^2 时,纳米仿生镀层中的 AlN 纳米粒子大量团聚在一起,镍晶粒的尺寸也较大。这是因为,适宜的电流密度可使镍基 AlN 纳米仿生镀层中 AlN 纳米粒子复合量增加,并加速镍晶粒的形核率。同时,均匀分布在纳米仿生镀层中的 AlN 纳米粒子,能够对镍晶粒起到钉扎作用和细化作用,进而使得纳米仿生镀层更加平整和致密。

9.1.3 电流密度对镍基 AlN 纳米仿生镀层 XRD 的影响

在不同电流密度条件下,采用脉冲-喷射电沉积方法,在 45 钢试件表面制备镍基 AlN 纳米仿生镀层,其 XRD 测试结果如图 9.3 所示。

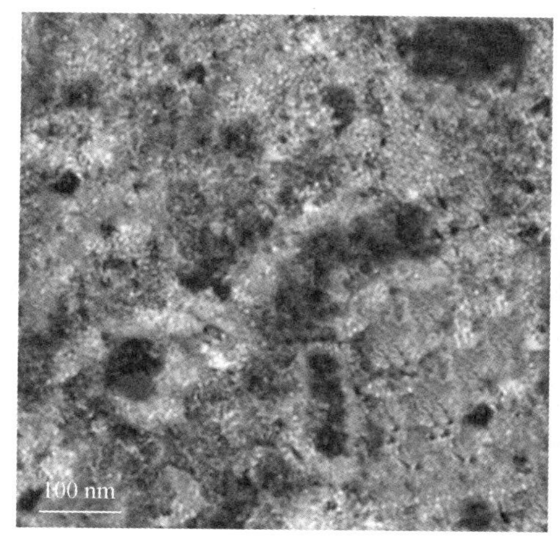

(a) 电流密度 10 A/dm²

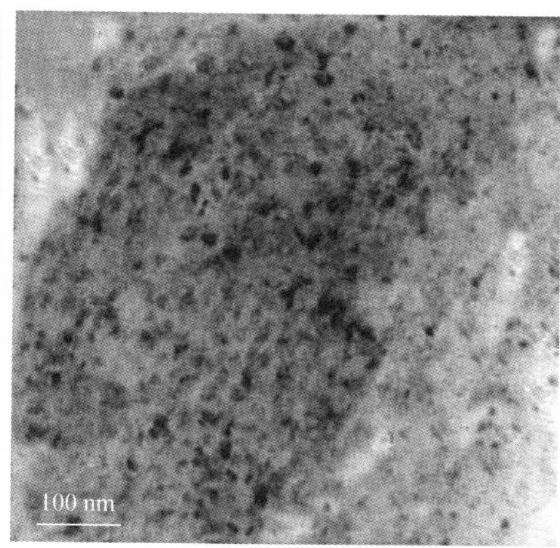

(b) 电流密度 20 A/dm²

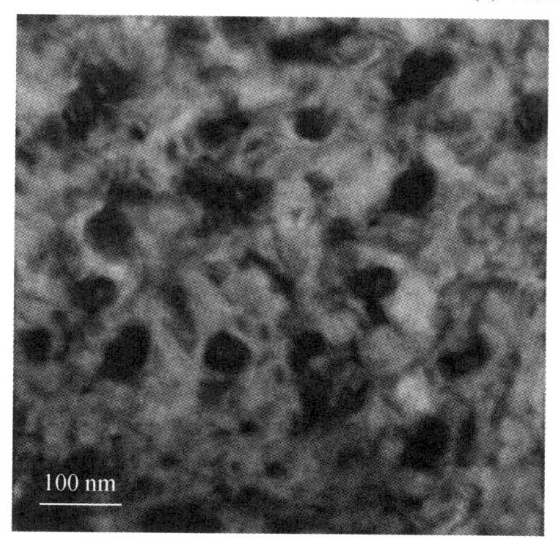

(c) 电流密度 30 A/dm²

图 9.2　电流密度对镍基 AlN 纳米仿生镀层 TEM 的影响

由图 9.3 可知，采用电流密度 10 A/dm^2、20 A/dm^2 和 30 A/dm^2 时，脉冲–喷射电沉积制得的镍基 AlN 纳米仿生镀层均含有镍相及 AlN 相。其中，镍的强衍射峰在 2θ=44.82°、52.21°和 76.77°的位置，它们分别对应镍晶粒的面心立方结构的(1 1 1)、(2 0 0)和(2 2 0)晶面。此外，较强的 AlN 相衍射峰出现在衍射角 2θ=34.62°、42.54°和 59.86°的位置。由公式(8.1)可知，金属晶粒的衍射峰强度越高，其晶化程度就越高，晶粒生长不受限制，使晶粒尺寸粗大。此外衍射峰的面积代表晶粒相的含量大小，则 XRD 衍射图表明，电流密度对晶体的生长取向及晶粒形核大小有重要影响，电流密度不同，镀层中晶体生长取向无明显变化，但晶粒大小显著不同。当电流密度为 10 A/dm^2 时，镍基 AlN 纳米仿生镀层中的镍和 AlN 衍射峰衍射强度最高。当电流密度为 20 A/dm^2 时，纳米仿生镀层中镍和 AlN 的衍射峰衍射强度显著降低。当电流密度为 30 A/dm^2 时，纳米仿生镀层中镍和 AlN 的衍射峰衍射强度又开始增强。由此可见，当电流密度为 20 A/dm^2 时，脉冲-喷射电沉积可制备出镍晶粒细小的镍基 AlN 纳米仿生镀层。在该镀层中，镍晶粒与 AlN 纳米粒子的平均粒径分别为 51.5 nm 和 39.8 nm。

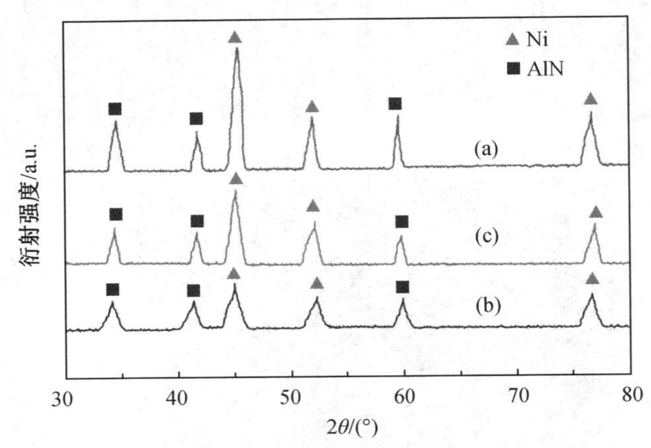

(a)—电流密度 10 A/dm^2； (b)—电流密度 20 A/dm^2； (c) —电流密度 30 A/dm^2。

图 9.3 电流密度对镍基 AlN 纳米仿生镀层 XRD 的影响

9.2 电流密度对镍基 AlN 纳米仿生镀层耐磨性能的影响

9.2.1 电流密度对镍基 AlN 纳米仿生镀层显微硬度的影响

在不同电流密度条件下，采用脉冲-喷射电沉积方法，在 45 钢试件表面制备镍基 AlN 纳米仿生镀层，其显微硬度测试结果如图 9.4 所示。

由图 9.4 可知，电流密度为 20 A/dm^2 时，镀层显微硬度最高，可达 807 HV；电流密度为 30 A/dm^2 时，镀层显微硬度次之，为 782 HV；电流密度为 10 A/dm^2 时，镀层显微硬度最低，仅为 734 HV。上述现象源于：第二相强化粒子——AlN 纳米粒子本身具有超高的硬度，电流密度为20 A/dm^{2}时，镀层中AIN粒子复合量最高，分布最均匀。另外，AIN纳米粒子具有细晶强化作用，镀层中AIN粒子复合量越高，在镍晶粒形核过程中钉扎晶界的效果越明显，使晶界数量增加，镍晶粒尺寸随之减小，所以此电流密度下显微硬度最高。

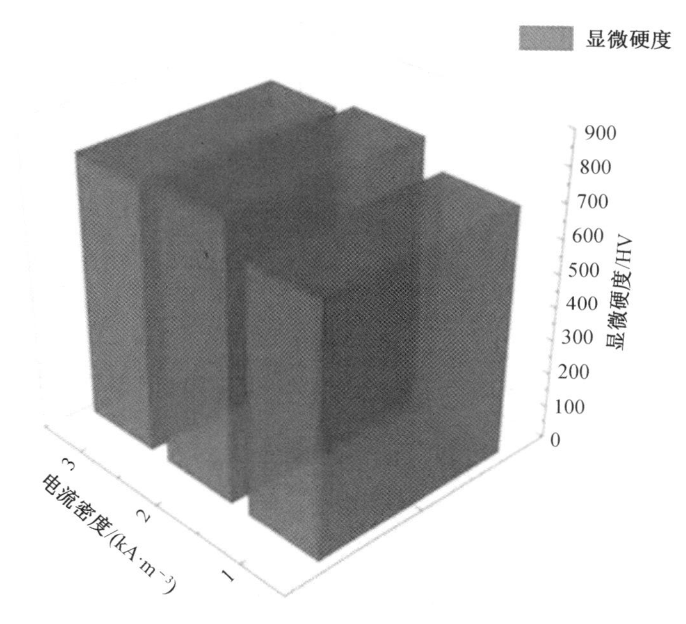

1—电流密度10 A/dm^2；2—电流密度20 A/dm^2；3—电流密度30 A/dm^2。

图9.4 电流密度对镍基AIN纳米仿生镀层显微硬度的影响

9.2.2 电流密度对镍基AlN纳米仿生镀层磨损速率的影响

在不同电流密度条件下，采用脉冲-喷射电沉积方法，在45钢试件表面制备镍基AlN纳米仿生镀层，其磨损速率测试结果如图9.5所示。

由图9.5可知，电流密度对镍基AlN纳米仿生镀层磨损速率的影响较大。当电流密度为10 A/dm^{2}时，镍基AlN纳米仿生镀层的平均磨损速率为3.28 mg/min；当电流密度为20 A/dm^{2}时，镍基AlN纳米仿生镀层的磨损速率最小，其平均磨损速率为1.85 mg/min；当电流密度为30 A/dm^{2}时，镍基AlN纳米仿生镀层的磨损速率有所增加，其平均值磨损速率为2.49 mg/min。

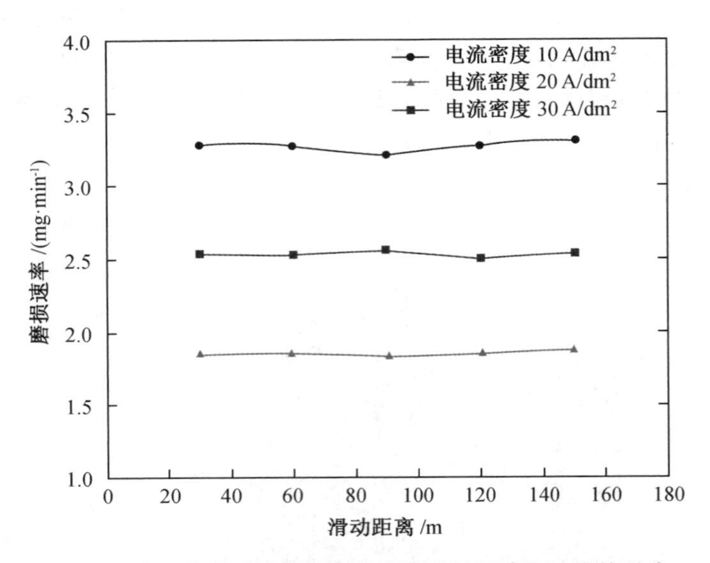

图 9.5　电流密度对镍基 AlN 纳米仿生镀层磨损速率的影响

这是因为，AlN 纳米粒子的复合量和镀层的显微硬度是影响镍基 AlN 纳米仿生镀层耐磨性能的主要因素。纳米仿生镀层的显微硬度及其 AlN 纳米粒子复合量越高，镀层的耐磨性能就越好，其磨损速率也就越小。当采用 20 A/dm^2 的电流密度时，脉冲-喷射电沉积镍基 AlN 纳米仿生镀层的显微硬度最高，镀层中 AlN 纳米粒子的复合量也最高，且 AlN 纳米粒子均匀分布于镀层中。因此，该纳米仿生镀层的磨损速率最小，耐磨性也最佳。

9.2.3　电流密度对镍基 AlN 纳米仿生镀层摩擦系数的影响

在不同电流密度条件下，采用脉冲-喷射电沉积方法，在 45 钢试件表面制备镍基 AlN 纳米仿生镀层，其摩擦系数测试结果如图 9.6 所示。

由图 9.6 可知，当电流密度为 10 A/dm^2 时，镍基 AlN 纳米仿生镀层的摩擦系数曲线的波动幅度最大，摩擦系数曲线上下震动剧烈，且镀层的摩擦系数也最高，其平均摩擦系数为 0.72。当电流密度为 20 A/dm^2 时，纳米仿生镀层的摩擦系数曲线波动幅度最小，摩擦系数曲线较平稳，且镀层的摩擦系数也最小，其平均摩擦系数为 0.41。当电流密度为 30 A/dm^2 时，纳米仿生镀层的摩擦系数曲线的波动幅度较大，其平均摩擦系数为 0.57。由此可以说明电流密度为 20 A/dm^2 时，镀层表面较平整，粗糙度较低，耐磨性较好，因此镀层在长时间的磨损下摩擦系数曲线振幅较平稳，而其他两组电流密度制得的镀层表面粗糙度较高，镀层耐磨性较差，磨损后产生的碎裂部位使摩擦副产生剧烈震动。这说明适宜的电流密度（20 A/dm²）可以制备出致密、平整的镍基 AlN 纳米仿生镀层。

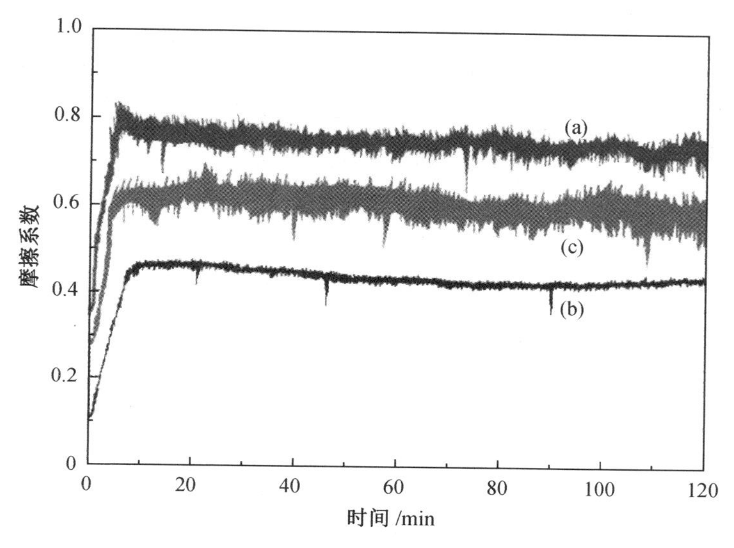

(a)—电流密度 10 A/dm²；(b)—电流密度 20 A/dm²；(c)— 电流密度 30 A/dm²。

图 9.6　电流密度对镍基 AlN 纳米仿生镀层摩擦系数的影响

由图 9.6 还可看出，上述镀层的摩擦系数曲线存在一些突变，这也是因为镀层表面存在许多凹坑，对磨 40Cr 钢球经过时，导致钢球剧烈跳动，从而引起镀层摩擦系数曲线的突变。

在不同电流密度条件下，脉冲-喷射电沉积制备出镍基 AlN 纳米仿生镀层，其磨损后的表面形貌如图 9.7 所示。当电流密度为 10 A/dm² 时，脉冲-喷射电沉积镍基 AlN 纳米仿生镀层的表面存在一些花状粘着区域和较深的划痕。磨损后的镀层表面在局部已漏出基体材料，这说明该镀层的磨损程度较为严重。当电流密度为 20 A/dm² 时，纳米仿生镀层的表面仅存在一些细小、较浅且方向一致的划痕，仅有几处小尺寸粒子剥离区域，这说明该镀层的磨损程度较轻。当电流密度为 30 A/dm² 时，纳米仿生镀层的表面又出现较深的沟壑状划痕，部分划痕下漏出基体表面结构，这说明该镀层的磨损程度又变严重。由此可见，当电流密度为 20 A/dm² 时，镍基 AlN 纳米仿生镀层的耐磨性能最佳。

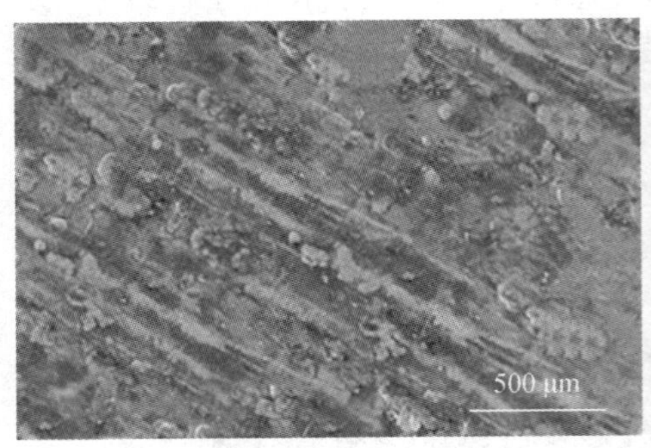

(a) 电流密度 10 A/dm²

(b) 电流密度 20 A/dm²

(c) 电流密度 30 A/dm²

图 9.7　电流密度对镍基 AlN 纳米仿生镀层磨损形貌的影响

这是因为,在适宜的电流密度条件下,脉冲–喷射电沉积镍基 AlN 纳米仿生镀层的组织结构致密、光滑,与基体间的结合力较高,且镀层的显微硬度较高。在相同的摩擦磨损实验条件下,该镀层能有效抵御对磨钢球的磨损,磨损形式为磨粒磨损。此外,均匀分布于镀层中的 AlN 纳米粒子因其本身具有的高硬度,在一定程度上也减弱了对磨钢球对纳米仿生镀层的犁削作用。因此,当采用 20 A/dm² 的电流密度时,采用脉冲–喷射电沉积方法制备的镍基 AlN 纳米仿生镀层的耐磨性能最佳。

9.2.4　电流密度对镍基 AlN 纳米仿生镀层耐腐蚀性能的影响

在不同电流密度条件下,采用脉冲–喷射电沉积方法,在 45 钢试件表面制备镍基 AlN 纳米仿生镀层,其电化学腐蚀参数和极化曲线测试结果如图 9.8 和表 9.1 所示。

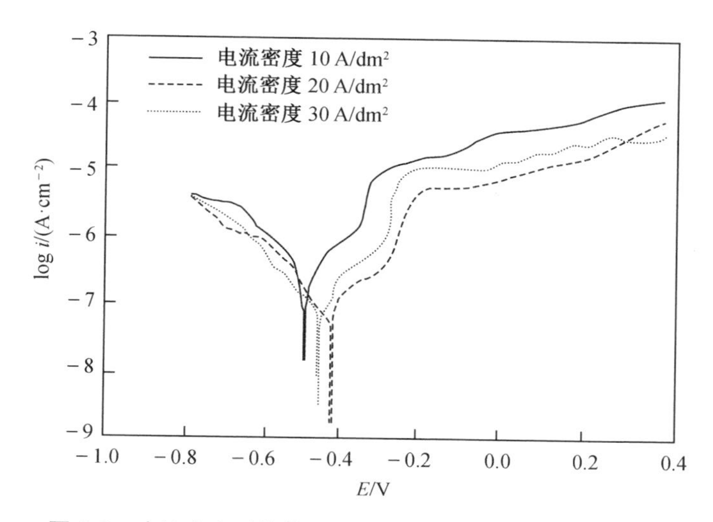

图9.8 电流密度对镍基AlN纳米仿生镀层极化曲线的影响

表9.1 不同电流密度制得的镍基AlN纳米仿生镀层电化学腐蚀参数

电流密度/(A·dm^{-2})	E_{corr}/V	I_{corr}/mA	J_{corr}/(mA·cm^{-2})
10	−0.526	0.027	0.027
20	−0.413	0.011	0.011
30	−0.458	0.018	0.018

由图9.8可知,当电流密度为20 A/dm^{2}时,镍基AlN纳米仿生镀层的极化曲线偏向正向。然而,当电流密度为10 A/dm^{2}和30 A/dm^{2}时,纳米仿生镀层的极化曲线均偏向负向。由表9.1和式(8.2)可知,当电流密度为10 A/dm^{2}时,镍基AlN纳米仿生镀层的自腐蚀电流密度最大(0.027 mA/cm^2),故该镀层的耐腐蚀性能最差。然而,当电流密度为20 A/dm^{2}时,脉冲-喷射电沉积镍基AlN纳米仿生镀层的自腐蚀电流密度最小(0.011 mA/cm^2),故该镀层的耐腐蚀性能最好。

上述现象归因于,镀层的耐腐蚀性能主要与镀层的组织结构有关。在适宜的电流密度下,镍基AlN纳米仿生镀层的表面致密、光滑,且镀层中的镍晶粒细小。因此,NaCl腐蚀溶液很难浸入镀层内部,从而提高了纳米仿生镀层的耐腐蚀性能。

在不同电流密度条件下,采用脉冲-喷射电沉积方法,在45钢试件表面制备镍基AlN纳米仿生镀层,其交流阻抗测试结果如图9.9所示。

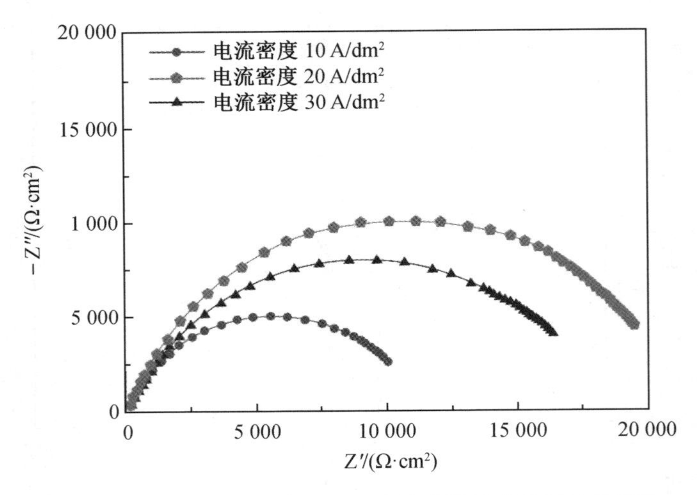

图 9.9　电流密度对镍基 AlN 纳米仿生镀层交流阻抗的影响

由图 9.9 可知,电流密度对镍基 AlN 纳米仿生镀层交流阻抗的影响很大。当电流密度为 10 A/dm^2 和 30 A/dm^2 时,脉冲-喷射电沉积镍基 AlN 纳米仿生镀层的交流阻抗曲率半径相对较小,这说明上述两种镀层的耐腐蚀性能较差。然而,当电流密度为 20 A/dm^2 时,脉冲-喷射电沉积镍基 AlN 纳米仿生镀层的交流阻抗曲率半径最大,这证明该镀层的耐腐蚀性能最强。这是因为,适宜的电流密度,可以制备出组织致密、细小的纳米仿生镀层,使腐蚀液难以浸入镀层内部,从而提高了纳米仿生镀层的耐腐蚀性能。

9.3　本章小结

本章采用脉冲-喷射电沉积方法,在电流密度分别为 10 A/dm^2、20 A/dm^2、30 A/dm^2 的镀液体系中制备镍基 AlN 纳米仿生镀层,研究不同电流密度对纳米仿生镀层组织结构和性能的影响,并对纳米仿生镀层的表面形貌、组织结构、相组成、耐磨性能和耐腐蚀性能进行测试,得到以下结论:

(1)当电流密度为 10 A/dm^2 时,镍基 AlN 纳米仿生镀层表面 AlN 纳米粒子分布不均匀,且团聚现象严重。另外,纳米仿生镀层中的镍晶粒也较粗大,且镀层表面结构疏松。当电流密度为 20 A/dm^2 时,纳米仿生镀层表面平整光滑,AlN 纳米粒子均匀地分散在镀层中,且镍晶粒的尺寸较小。在该镀层中,镍晶粒与 AlN 纳米粒子的平均粒径分别为 51.5 nm 和 39.8 nm。

（2）当电流密度为 10 A/dm^2 时，镍基 AlN 纳米仿生镀层的摩擦系数曲线的波动幅度最大，且镀层的摩擦系数也最高，其平均摩擦系数为 0.72。当电流密度为 20 A/dm^2 时，纳米仿生镀层的摩擦系数曲线波动幅度最小，且镀层的摩擦系数也最小，其平均摩擦系数为 0.41。当电流密度为 30 A/dm^2 时，纳米仿生镀层的摩擦系数曲线的波动幅度较大，其平均摩擦系数为 0.57。

（3）当电流密度为 10 A/dm^2 和 30 A/dm^2 时，脉冲-喷射电沉积镍基 AlN 纳米仿生镀层的交流阻抗曲率半径相对较小，这说明上述两种镀层的耐腐蚀性能较差。然而，当电流密度为 20 A/dm^2 时，脉冲-喷射电沉积镍基 AlN 纳米仿生镀层的交流阻抗曲率半径最大，这证明该镀层的耐腐蚀性能最强。

第10章　镍基 AlN 纳米复合镀层的应用及科技前沿

本书介绍了利用喷射电沉积方法制备的镍基 AlN 纳米仿生镀层,在硬度、表面质量、减阻耐磨和耐腐蚀等方面均展现出优越的性能。当前,随着纳米科技的飞速发展,该类镀层在机械工业、石油石化、航空航天、电子工业、生物医疗、环保工业等诸多领域具有重要作用,展现出广阔的应用前景。喷射电沉积与仿生学结合制备复合镀层已经成为电刷镀技术在纳米领域的崭新突破口,受到业界的广泛关注。

10.1　镍基 AlN 纳米复合镀层的应用概述

10.1.1　在机械工业领域的应用

镍基 AlN 纳米复合镀层由于其卓越的耐磨性能,已经广泛应用于各种需要高耐磨损的机械部件,如轴承、齿轮等。通过在关键部位涂覆这种镀层,可以显著提高其抗磨损能力,延长机械部件的使用,且该镀层具有优异的增强机械性能的作用。通过喷射电沉积技术在机械部件表面形成镍基 AlN 纳米仿生镀层,能够有效提高其硬度和强度,从而提高整体机械性能。这对于需要承受高负载的机械部件来说尤为重要,有助于提高其稳定性和可靠性。此外,该镀层具有良好的防腐、防锈性能。由于其特殊的结构和化学稳定性,能够有效防止腐蚀和生锈,从而延长机械部件的使用寿命。这为工业生产提供了更大的便利性和稳定性。同时,该镀层还具有高温稳定性。在高温环境下,该镀层能够保持稳定的性能,不易发生变形或失效。这使得它在制造需要在高温环境下运行的机械部件时具有很大的优势。与传统的机械加工方法相比,喷射电沉积镍基 AlN 纳米仿生镀层技术的生产效率更高,能够缩短生产周期并降低成本,这为企业带来了更大的经济效益。另外,该镀层技术的生产过程相对环保,它采用环保的原材料和工艺,对环境的影响相对较小,这符合当前绿色、可持续发展的趋势,为机械、化工、石油、航空航天等工业的可持续发展做出了贡献。

综上所述,喷射电沉积镍基AlN纳米仿生镀层在机械工业领域的应用广泛且重要。它能够提高机械部件的性能和使用寿命、降低生产成本、增强环保性等方面发挥关键作用。随着技术的不断进步和应用领域的拓展,相信这种镀层技术将在未来发挥更加重要的作用。

10.1.2　在石油石化领域的应用

镍基AlN纳米复合镀层作为一种创新材料,正逐渐在石油石化领域崭露头角,已然成为石油石化领域的新星。这种先进的镀层技术不仅提高了设备的耐腐蚀性,还增强了其耐磨性和热稳定性,为石油石化工业带来了显著的效益。首先,镍基AlN纳米复合镀层具有出色的耐腐蚀性。在石油石化领域,设备常常面临着各种腐蚀性介质,如酸、碱、盐等。镍基AlN纳米复合镀层通过在设备表面形成一层致密的保护膜,有效抵抗这些腐蚀介质的侵蚀,从而延长了设备的使用寿命。其次,该镀层具有出色的耐磨性。在石油石化设备的运行过程中,摩擦和磨损是不可避免的问题。然而,镍基AlN纳米复合镀层中的AlN纳米粒子能够增强镀层的硬度和韧性,使其在面对硬颗粒和摩擦力的损害时表现出色。这不仅降低了设备的维修和更换成本,还提高了其运行效率。此外,镍基AlN纳米复合镀层还具有良好的热稳定性。石油石化设备常常需要在高温和极端环境下运行。而AlN纳米粒子具有高热导率和稳定的化学性质,使得镍基AlN纳米复合镀层能够在高温环境下保持稳定的性能,从而为设备的稳定运行提供了保障。

总的来说,镍基AlN纳米复合镀层凭借其出色的耐腐蚀性、耐磨性和热稳定性等特点,已经成为石油石化领域不可或缺的重要材料。随着科技的不断进步和应用需求的增加,相信这种先进的镀层技术将继续为石油石化工业的发展做出更大的贡献。

10.1.3　在航空航天领域的应用

喷射电沉积镍基AlN纳米仿生镀层在航空航天领域也具有广泛的应用前景。首先,该镀层在航空航天器结构部件上有广泛应用。通过在关键部位涂覆镍基AlN纳米仿生镀层,可以显著提高其耐磨、抗腐蚀性能,从而延长部件的使用寿命,降低维修成本。这对于航空航天器在极端环境下运行具有重要意义。其次,该镀层在航空航天器的动力系统部件上也有广泛应用。例如,涡轮喷气发动机、涡轮风扇发动机等关键部件,通过喷射电沉积技术形成镍基 AlN 纳米仿生镀层,可以提高部件的耐磨、抗热、抗腐蚀性能,从而提高整个动力系统的性能和可靠性。此外,该镀层在航空航天器的电子、光学部件上也具有重要作用。这些部件在极端环境下容易受损,通过喷射电沉积镍基 AlN 纳米仿生镀层,可以提高其耐环境性能,保障航空航天器电子、光学系统的稳定运行。喷射电沉积镍基 AlN 纳米仿生镀层还具有优异的抗辐射性能,使其在航空航天器的辐射环境下具有较好的稳定性。这对于航天器在宇宙射线、太阳风等高辐射环境下的运行具有重要意义。

10.1.4 在电子工业领域的应用

镍基 AlN 纳米复合镀层在电子工业领域具有广泛的应用,主要归功于其优异的力学、化学和摩擦学性能。这种纳米复合镀层通过将金属材料与纳米颗粒共同沉积在工件表面,形成了一种含有纳米颗粒增强相的表面处理工艺。其中,纳米颗粒的存在细化了基质金属晶粒,增大了镀层与基体之间的结合面积,从而提高了镀层的结合强度。

在电子工业领域,这种镀层可以用作电子元件的表面保护层,防止元件受到环境的影响,如氧化、腐蚀等。此外,由于其优异的力学性能和摩擦学性能,镍基 AlN 纳米复合镀层还可以用于制造耐磨、耐蚀的电子元件和精密机械零件。另外,这种镀层的导热性能优良,可以将电子元件在工作时产生的热量快速传导出去,从而保证电子元件的稳定运行。同时,由于其良好的化学性能,镍基 AlN 纳米复合镀层还可以用作化学反应的催化剂或载体,用于制造传感器、催化剂等电子器件。

总的来说,镍基 AlN 纳米复合镀层在电子工业领域的应用十分广泛,其优异性能使得它在该领域具有广阔的应用前景。

10.1.5 在生物医疗领域的应用

喷射电沉积镍基 AlN 纳米仿生镀层在生物医疗领域的应用主要包括以下几个方面:

(1)医疗器械制造:医疗器械需要具有耐磨、耐腐蚀、生物相容性好等特点,而喷射电沉积镍基 AlN 纳米仿生镀层具有良好的耐磨性、耐腐蚀性和生物相容性,可以用于制造医疗器械的表面处理,提高医疗器械的使用寿命和安全性。

(2)生物材料表面改性:在生物材料表面改性方面,喷射电沉积镍基 AlN 纳米仿生镀层可以改善材料的表面性能，使其具有良好的生物相容性和耐磨性，广泛应用于人工关节、牙科植入物等生物材料的表面处理。

（3）细胞培养和组织工程：喷射电沉积镍基 AlN 纳米仿生镀层可以作为细胞培养和组织工程的基底材料，促进细胞的黏附、增殖和分化。同时，该镀层具有较好的生物相容性和细胞活性，对组织工程的开展具有重要意义。

（4）药物载体：喷射电沉积镍基 AlN 纳米仿生镀层可以作为药物载体，通过控制药物释放速度和靶向性，实现药物的精准投递。这种药物载体具有较好的生物相容性和药物释放性能，对药物的治疗效果和安全性具有积极意义。

总之，喷射电沉积镍基 AlN 纳米仿生镀层在生物医疗领域具有广泛的应用前景，有望为人类的健康事业做出积极贡献。

10.1.6　在环保工业领域的应用

喷射电沉积技术制备的镍基 AlN 纳米仿生镀层在环保工业中展现出巨大的应用潜力。其独特的纳米结构不仅赋予了镀层出色的耐磨和耐腐蚀性能，还为其在环保领域的广泛应用奠定了基础。首先，这种先进的镀层技术为环保设备的制造提供了更为耐久和可靠的解决方案。由于其出色的耐磨性，它可以显著提高设备的耐用性，从而减少由于频繁维修或更换部件所产生的资源消耗和环境污染。其次，该镀层的导电性和热稳定性为环保设备的能源效率提供了有力支持。通过优化设备的能源效率和热管理性能，有助于降低能源消耗和减少温室气体排放，为推动绿色能源的发展做出了积极贡献。此外，该镀层还具有优异的电磁屏蔽性能，有助于减少电磁辐射对环境的影响。在环保设备中应用这种镀层，可以降低电磁干扰，提高设备的稳定性和可靠性。最后，这种纳米仿生镀层的生物相容性使其在环保的生物医学应用中具有广阔的前景。它可以用于制造生物材料和器件，如人工关节和植入物等，有助于推动医疗设备和仪器的环保化和生物相容性改进。

总而言之，喷射电沉积镍基 AlN 纳米仿生镀层凭借其出色的性能和广泛的环保应用前景，为推动环保工业的发展和技术创新提供了强大的支持。通过不断的研究和开发，我们有望见证这种先进的镀层技术在未来为环保工业带来更多的突破和贡献。

10.2 镍基 AlN 纳米复合镀层的科技前沿近况

10.2.1 纳米颗粒的制备与分散

制备出高纯度、尺寸均一的 AlN 纳米颗粒,并实现其在镀液中的均匀分散,是制备高质量镍基 AlN 纳米复合镀层的关键。目前,研究者们通过探究不同制备方法和工艺参数对 AlN 纳米颗粒形貌、尺寸和分散性的影响,不断优化制备技术,以提高纳米颗粒的稳定性和分散性。

Xia 等采用磁场辅助电沉积(MFAED)技术在低碳钢表面制备了镍基 AlN 纳米复合镀层,采用数字全息显微镜(DHM)、扫描电子显微镜、透射电子显微镜和 X 射线衍射仪检测了纳米镀层的微观结构、成分和显微硬度值,并对比研究了不同磁场强度下的镀层综合性能。结果表明,当磁场强度为 0.4 T 时,镍基 AlN 纳米复合镀层的显微硬度最大,其耐磨性和抗腐蚀性最佳。Ali 等采用脉冲复合电沉积技术在不同 AlN 纳米粒子浓度(3 g/L、6 g/L、9 g/L)的条件制备了镍基 AlN 纳米复合镀层,并对该镀层的表面形貌和综合性能进行测试和评定。研究发现,镍基 AlN 纳米复合镀层的综合性能受 AlN 纳米粒子浓度的影响较大。

10.2.2 纳米颗粒与镍基质的界面结合

界面结合是影响镍基 AlN 纳米复合镀层性能的重要因素。研究不同制备条件下,纳米颗粒与镍基质之间的界面反应和结合机制,有助于揭示复合镀层的形成机理,进一步优化制备工艺。

Wang 等在制备 Ni/AlN 复合镀层前对 AlN 层进行了蚀刻预处理,并研究了机械联锁对 AlN 层与镍镀层结合强度的影响。结果表明,通过机械联锁效应,AlN 层与镍镀层的结合强度显著增强,有效地防止了镍镀层在高温下的脱落。曹昌伟等通过“AlN 陶瓷预氧化—制备金属化层(Mo-Mn)—镀镍制备复合金属化层(Mo-Mn/Ni)”工艺方法制备了复合金属镀层,并对该镀层的综合性能进行了研究。结果表明,在实施金属化工艺后,AlN 陶瓷的热扩散系数显著提升,Ni 层掺杂进 Mo-Mn 层,并通过元素的相互迁移形成扩散层,各层之间结合紧密,综合性能优良。纳米复合镀层在利用各种工艺制备过程中均受到特定温度的冲击,如果纳米粒子增强相与基体之间的结合力不佳,所制备的纳米复合镀层在热应力作用下膨胀,而向上凸起形成鼓包,这对纳米复合镀层的综合性能将产生重要影响。周波等通过故障复现试验方法,分析局部区域起泡特征和腔体部位发黑特征。研究发现,通过制定来料检验图谱,在镀前对来料进行筛选,能够有效避免镀层起泡,提高纳米复合镀层的结合力,保证其使用性能。

10.2.3 复合镀层的性能表征与调控

通过多种表征手段对镍基 AlN 纳米复合镀层的结构、成分、力学、化学和摩擦学性能进行系统研究,深入了解各性能之间的相互关系和影响规律。在此基础上,探索通过调整纳米颗粒含量、镀层制备工艺等手段,实现对复合镀层性能的有效调控。

章凯通过在抗氧化性能较好的三元 TiAlN 涂层中添加 Ni,研究了 Ni 对涂层力学性能的影响和机理。结果表明,该方法有效提升了涂层的综合力学性能。本书分别利用直流电沉积、脉冲电沉积和脉冲-喷射电沉积三种方法制备了镍基 AlN 纳米仿生镀层,并通过 SEM、AFM、TEM 等设备对纳米仿生镀层的表面形貌、组织结构和粒径等级进行了观察分析,通过显微维氏硬度计/摩擦磨损试验机/中性盐雾试验等设备对纳米仿生镀层的显微硬度、耐磨性能和抗腐蚀性能进行了测试分析。结果表明,采用脉冲-喷射电沉积方法制备的镍基 AlN 纳米仿生镀层具有最优的综合性能。郭晨浩等采用脉冲电沉积方法在 45 钢表面制备镍基 AlN 镀层,对比了在超声脉冲占空比为 30%、50%、70%时,所得到的镀层表面性能。结果表明,当脉冲占空比为 50%时,所制备的镍基 AlN 镀层具有最大的显微硬度和最小的磨损率。Yang 等采用脉冲电流(PC)、直流(DC)和超声辅助脉冲电流(UAPC)沉积的方法制备了镍基 AlN 涂层,并对涂层的显微硬度、微观结构和耐蚀性能进行了测试。结果表明,UAPC 沉积得到的涂层的表面形貌最为致密,显微硬度最大,耐蚀性最高。Zeng 等采用脉冲电沉积技术在 A3 钢基体上制备了镍基 AlN 纳米镀层,采用 BP 网络模型预测了镍基 AlN 镀层的腐蚀质量损失。结果表明,镀层中嵌入的镍和 AlN 的平均直径分别为 57.9 nm 和 29.2 nm。此外,薄膜的表面结构均匀紧凑,轮廓算数平均偏差(*Ra*)值估计仅为 32.75 nm。

10.2.4 复合镀层在实际应用中的表现

氮化物涂层具有较高的硬度、优良的耐磨性以及良好的化学稳定性,在机械、石油石化、航空航天等领域得到了广泛的应用。优化氮化物涂层的成分和结构,获得高硬度、韧性、热稳定性和高温抗氧化性能的综合指标,是研究人员关注的重要科学问题。

赵翀在研究成果中指出:Ⅲ族氮化物半导体材料具有宽禁带直接带隙、良好的结构稳定性、高化学稳定性、高热稳定性、光传输特性好、低毒害性等特点,使得Ⅲ族氮化物宽禁带半导体材料在光电子器件、自旋电子器件等领域得到广泛应用。尤其是镍基Ⅲ族氮化物复合材料,能够显著提高 P 型氮化物的空穴浓度,对于提高 LED 电器的性能和质量具有重要作用,该种复合材料也是制备自旋电子器件的重要原料。王成旭采用电镀技术在 GH3535 合金表面制备了纯 Ni 涂层,并制备了 AlN 中间层,利用 AlN 优异的热稳定性,抑制合金基体中的 Cr 和 Fe 的外扩散,其作为一种氮化物陶瓷扩散障能够有效提高复合涂层的耐蚀性,从而满足熔盐堆(第四代核反应堆中唯一的液体燃料反应堆)候选堆结构材料对耐熔盐腐蚀性能的要求。Khan 等利用直流和射频磁控溅射技术制备掺杂 Ni 的 AlN 薄膜,指出 AlN 薄膜具有许多潜在的应用和研究领域,特别是在光电子学方面,Ni/AlN 是光伏器件和激光器中最有前途的候选者之一。Kiranjot 等阐释:X 射线波导是由夹在两种高 Z 值材料之间的低 Z 值材料组成的分层结构,这种波导结构的性能受到低 Z 值和高 Z 值材料形成的界面质量的影响。对 Ni/AlN/Ni 波导结构进行的电场强度计算表明,这种结构在此类应用中大有可为。

为了充分验证镍基 AlN 纳米复合镀层的性能优势和潜在应用价值,需要进行一系列的实际应用测试。例如,探究其在不同环境下的耐腐蚀性能、摩擦磨损性能、力学性能等方面的表现,为其在各领域的广泛应用提供有力支撑。通过不断的研究和技术创新,有望推动镍基 AlN 纳米复合镀层在实际生产中的广泛应用,为各行各业的发展提供有力支持。

10.3 本章小结

随着纳米材料和纳米技术基础研究的深入和实用化进程的发展,纳米材料在工业、生产、生活等各方面的应用显现出欣欣向荣的景象。纳米材料诱人的应用前景使人们对这一崭新的材料科学领域和全新研究对象努力探索,并扩大其应用范围,使它为人类带来更多的利益。因此,纳米材料将成为材料科学领域的一个大放异彩的“明星”。

结论与展望

本书采用脉冲-喷射电沉积方法，在金属试件表面制备镍基 AlN 纳米仿生镀层。通过 ANSYS Workbench 软件建立上滑块在光滑表面、仿生表面上以滑动摩擦状态运动的模型，并对光滑表面及不同参数下仿生表面上的范式等效应力分布、摩擦应力变化、磨损量变化及温度场分布情况进行比较分析。然后，利用摩擦磨损试验机对仿生表面的减阻耐磨性能进行测试，研究了不同直径及其间距对仿生表面的减阻耐磨性能的影响，并探究了仿生表面在滑动摩擦状态下的减阻耐磨特性机理。在此基础上，利用正交试验法对脉冲-喷射电沉积镍基 AlN 纳米仿生镀层的工艺参数进行优化，并确定出脉冲-喷射电沉积镍基 AlN 纳米仿生镀层的最佳工艺参数组合。最后，采用直流电沉积、脉冲电沉积和脉冲-喷射电沉积制备镍基 AlN 纳米仿生镀层，研究了不同的沉积方式以及电流密度对纳米仿生镀层组织结构和性能的影响，并对纳米仿生镀层的表面形貌、组织结构、相组成、耐磨性能和耐腐蚀性能进行测试，得到以下结论：

（1）采用 Matlab 软件建立仿生微凹坑结构模型，并对结构主要参数关系进行了分析，得到微凹坑的最优结构参数数值范围：微凹坑直径应控制在 100~300 μm，微凹坑间距应控制在 200~400 μm。

（2）在所设定的仿真参数和实验条件下，当直径为 200 μm、间距为 300 μm 时，仿生表面的摩擦系数较低，摩擦系数曲线振幅变化不大，摩擦应力值最小，这说明该仿生表面的粗糙度较低，减阻效果较为突出。此外，该仿生表面的温度场节点温度较低，且高温分布面积较小，所制备试件的磨损量最小，这说明该仿生表面的耐磨性能最好。

（3）利用正交试验法，优化出脉冲-喷射电沉积镍基 AlN 纳米仿生镀层的最佳工艺参数组合 $A_3B_1C_3D_4E_2$。然后，将其与 $A_3B_4C_3D_4E_4$ 工艺参数组合进行对比实验，最终确定出 $A_3B_1C_3D_4E_2$（电流密度为 20 A/dm^2、AlN 纳米粒子浓度为 6 g/L、镀液喷射速率为 0.4 m/s、脉冲占空比为 40%、极间距为 8 mm）为脉冲-喷射电沉积镍基 AlN 纳米仿生镀层的最佳工艺参数组合。

（4）不同沉积方式制备的镍基 AlN 纳米仿生镀层均存在镍相和 AlN 相。采用脉冲-喷射电沉积制备的镍基 AlN 纳米仿生镀层表面组织晶粒最为细小，镍晶粒和

AlN 纳米粒子的平均晶粒分别为 54.1 nm 和 41.3 nm，镍晶粒和 AlN 纳米粒子的衍射峰最低。

(5)采用脉冲-喷射电沉积制备的镍基 AlN 纳米仿生镀层表面光滑、平整，且组织结构细小、致密。此外，大量的 AlN 纳米粒子镶嵌于纳米仿生镀层中。当电流密度为 20 A/dm^2 时，纳米仿生镀层表面平整光滑，AlN 纳米粒子均匀地分散在镀层中，且镍晶粒的尺寸较小。在该镀层中，镍晶粒与 AlN 纳米粒子的平均粒径分别为 51.5 nm 和 39.8 nm。

(6)脉冲-喷射电沉积镍基 AlN 纳米仿生镀层的磨损程度最轻，镀层表面存在一些少量的细微划痕。由此可知，脉冲-喷射电沉积镍基 AlN 纳米仿生镀层的耐磨性能最佳。另外，脉冲-喷射电沉积纳米仿生镀层的交流阻抗曲率半径最大，而直流电沉积纳米仿生镀层的交流阻抗曲率半径最小。由此可知，脉冲-喷射电沉积镍基 AlN 纳米仿生镀层的阻抗最大，即耐腐蚀性能最强。

截至目前，有关将仿生表面与脉冲-喷射电沉积技术结合进行纳米仿生镀层制备的报道较少，本书不仅对金属试件表面脉冲-喷射电沉积镍基 AlN 纳米镀层的工艺参数、表面形貌、显微组织、物相组成、显微硬度、耐磨性能以及耐腐蚀性能进行了系统的研究，而且也对仿生表面的耐磨机理进行了探讨。但由于自身原因以及实验条件等因素的限制，还有许多问题需要进一步讨论研究：

(1)本书对滑块间相对运动过程进行了有限元分析，得到不同仿生结构参数对仿生表面的范式等效应力、摩擦应力和温度分布的影响规律，但真实机械部件运动过程十分复杂，需要进一步研究机械部件的受力情况，对仿真过程进行改进。

(2)本书利用激光雕刻技术对金属试件表面进行仿生表面的加工，该加工技术可能会导致金属试件表面出现应力集中现象。因此，需要研发一种新型的仿生表面加工技术，减少或消除金属试件表面应力集中的现象。本书第[211]条参考文献所列为著者开发的一种用于加工柱塞凹坑形非光滑外表面的装置，为新型的仿生表面加工技术做了新的推进工作。

(3)本书选用 45 钢作为制备镍基 AlN 纳米仿生镀层的基体材料，限于研究条件和篇幅，未能充分论证各工业领域常用金属零部件的镀层制备工艺和性能，作者所在课题组已经开展相关研究工作。本书第[212]至[215]条文献所列为著者在该方面研究的推进，为金属基“仿生-结构-功能”融合化纳米材料制备提供了一定的技术支持。

(4)本书利用脉冲-喷射电沉积技术制备了镍基 AlN 纳米仿生镀层，并对该镀层进行显微组织、物相组成、显微硬度、耐磨性能等分析和测试。然而，脉冲-喷射电沉积的流场非常复杂,需要利用更多相关模拟软件或技术对流场进行仿真和模拟,为制备性能优良的镍基 AlN 纳米仿生镀层提供一定的理论基础。著者所在课题组将进一步探究喷射电沉积镀液工艺体系,优化影响镀层质量的重要参数,并借助 COMSOL、FLUENT 等软件对多物理场、耦合流场进行分析,促进金属基"仿生-结构-功能"融合化纳米材料在相关工业领域关键零部件表面的应用研究。

参考文献

[1] 孙智,江利,应鹏展. 失效分析:基础与应用[M]. 北京:机械工业出版社,2005.

[2] 程挺宇,郑锋. 金属材料表面改性技术的研究进展[J]. 材料导报,2008,3(4):13-13.

[3] MA C Y,HE H X,XIA F F,et al. Performance of Ni-SiC composites deposited using magnetic-field-assisted electrodeposition under different magnetic-field directions[J]. Ceramics International,2023,49(22):35907-35916.

[4] LIU C X,WANG J B,GAO P P,et al. Research progress on surface modification of PEMFC titanium metal bipolar plate[J]. Rare Metals and Cemented Carbides,2019(10):50-56.

[5] 周绍民. 金属电沉积:原理与研究方法[M]. 上海:上海科学技术出版社,1987.

[6] 屠振密,安茂忠,胡会利. 现代合金电沉积理论与技术[M]. 北京:国防工业出版社,2019.

[7] XIA F F,YAN P,MA C Y,et al. Effect of different heat-treated temperatures upon structural and abrasive performance of Ni-TiN composite nanocoatings[J]. Journal of Materials Research and Technology,2023,27:2874-2881.

[8] 曹银风,黄因慧,田宗军,等. 喷射速度对喷射电沉积多孔金属镍的影响[J]. 电镀与精饰,2010,32(4):11-13.

[9] QIAO G Y,JING T F,GAO M,et al. Study on high speed jet-electrodeposition bulk nanocrystalline Co-Ni alloy[J]. Transactions of Materials and Heat Treatment,2004,25(1):61-65.

[10] WASEKAR N P,BATHINI L,RAMAKRISHNA L,et al. Pulsed electrodeposition,mechanical properties and wear mechanism in Ni-W/SiC nanocomposite coatings used for automotive applications[J]. Applied Surface Science,2020,527:146896-146902.

[11] LIU T,LI C,LI Q,et al. Synthesis and wear characterization of ultrasonic electrodeposited Ni-TiN thin coatings[J]. International Journal of Electrochemical Science,2021,16(3):151028-151033.

[12] XIA F,LI C,MA C,et al. Effect of pulse current density on microstructure and wear property of Ni-TiN nanocoatings deposited via pulse electrodeposition[J]. Applied Surface Science,2021,538:148139-148145.

[13] XIA F, LI Q, M AC, et al. Design and properties of Ni-TiN/SiC nanocoatings prepared by pulse current electrodeposition[J]. Int. J. Electrochem. Sci., 2020, 15(2):1813-1829.

[14] XIA F, XU H, LIU C, et al. Microstructures of Ni-AlN composite coatings preparedby pulse electrodeposition technology[J]. Applied Surface Science,2013, 271:7-11.

[15] AAL A, BAHGAT M, RADWAN M. Nanostructured Ni-AlN composite coatings [J]. Surface and Coatings Technology,2006,201(6):2910-2918.

[16] BUDI E,SUGIHARTONO I,INDRASARI W,et al. Electrodeposition of Ni-Nitride compositecoatings:a review of recent study[J]. IOP Conference Series Materials Science and Engineering,2021,1098(6):62053-62059.

[17] 罗兴友. W 掺杂 Ni-AlN 光谱选择性吸收涂层高温稳定性研究[D]. 北京:中国地质大学(北京),2014.

[18] 戴振东,佟金,任露泉. 仿生摩擦学研究及发展[J]. 科学通报,2006,51(20):2353-2359.

[19] 解芳,张林先,刘佐民. 生物摩擦学与仿生摩擦学的研究现状及展望[J]. 南阳理工学院学报,2012,4(2):81-85.

[20] XIE F,LEI X B. The influence of bionic micro-texture's surface on tool's cutting performance[J]. Key Engineering Materials,2016,693:1155-1162.

[21] 王文君. 大豆精密播种机仿形仿生镇压装置[D]. 长春:吉林大学,2016.

[22] 程霜梅. 波纹形曲面仿生推土板表面数学建模及优化设计[D]. 长春:吉林大学,2004.

[23] 张金波. 典型农机触土工作部件犁铧耐磨方法研究[J]. 现代化农业,2020(5):62-63.

[24] 代翠,戈志鹏,董亮,等. 离心泵仿生表面减阻降噪特性研究[J]. 华中科技大学学报(自然科学版),2020,48(9):113-118.

[25] GAO T,SU B,JIANG L,et al. Influence of bionic pit structure on friction and sealing performance of reciprocating plunger[J]. Advances in Materials Science and Engineering,2020,2:1-10.

[26] 隋燃. 高压海水轴向柱塞泵滑靴副仿生非光滑表面润滑特性研究[D]. 秦皇岛：燕山大学,2015.

[27] 徐良,孙友宏,高科. 仿生孕镶金刚石钻头高效碎岩机理[J]. 吉林大学学报(地球科学版),2008,38(6):1015-1019.

[28] TOUMAZOU C, CASS T. Cell-bionics: tools for real-time sensor processing[J]. Philosophical Transactions of the Royal Society of London Series B: Biological Sciences,2007,362(1484):1321-1328.

[29] 郭蕴纹. 不粘锅形态-材料自洁耦合仿生研究[D]. 长春:吉林大学,2007.

[30] 朱文才. 仿生船舶螺旋桨特性的数值模拟研究[D]. 大连:大连海事大学,2016.

[31] 陈为. 产品形态中的仿生设计及其应用[J]. 包装工程,2010,31(8):46-49.

[32] 朱维翰,赵平顺,陈荣仙. 金属材料表面强化技术的新进展[M]. 北京:兵器工业出版社,1992.

[33] 杨德华,张绪寿. 金属材料的激光表面改性及其在摩擦学中的应用[J]. 固体润滑,1990,10(3):153-159.

[34] ASTAKHOV V P. Tribology of metal cutting[M]. Amsterdam: Elsevier Publisher, 2006.

[35] 刘家浚. 材料磨损原理及其耐磨性[M]. 北京:清华大学出版社,1993.

[36] MOORE M A, KING F S. Abrasive wear of brittle solids[J]. Wear,1980,60(1): 123-140.

[37] HEMBUS J, AMBELLAN F, ZACHOW S, et al. Establishment of a rolling-sliding test benchto analyze abrasive wear propagation of different bearing materials for knee implants[J]. Applied Sciences,2021,11(4):1886-1890.

[38] JOSHI A, BASAVARAJAPPA S, ELLANGOVAN S, et al. Investigation on influence of SiCp on three-body abrasive wear behaviour of glass/epoxy composites[J]. Frattura Ed Integrità Strutturale,2021,15(56):65-73.

[39] 杜卫刚. 开沟器仿生设计及其试验分析[D]. 长春:吉林大学,2004.

[40] 张为,孟帅,张磊. 高速铣削加工仿生表面的磨损特性分析[J]. 哈尔滨理工大学学报,2019,24(6):26-32.

[41] 王京春,陈丽莉,任露泉,等. 仿生注射器针头减阻试验研究[J]. 吉林大学学报(工学版),2008,38(2):379-382.

[42] 唐俊,刘岩岩,闫一天. 水下航行器仿生非光滑表面减阻特性[J]. 兵工学报,2022,43(5):1135-1143.

[43] 张春华. 基于信鸽体表的减阻降噪功能表面耦合仿生[D]. 长春:吉林大学,2008.
[44] 秦晓静,江佳廉,张俊秋. 仿生表面的离心风机叶轮抗冲蚀性能研究[J]. 表面技术,2021,50(8):84-94.
[45] 王兆亮,李建桥,张锐,等. 起垄铲仿生设计及试验研究[C]//走中国特色农业机械化道路:中国农业机械学会 2008 年学术年会论文集(上册). 济南,2008:461-464.
[46] 张琰,黄河,任露泉. 挖掘机仿生斗齿土壤切削试验与减阻机理研究[J]. 农业机械学报,2013,44(1):258-261.
[47] HU S, REDDYHOFF T, LI J, et al. Biomimetic water-repelling surfaces with robustly flexible structures [J]. ACS Applied Materials & Interfaces, 2021, 13 (26): 31310-31319.
[48] QI C, WANG Y, TANG J. Effect of squid fin bionic surface and magnetic nanofluids on CPU cooling performance under magnetic field [J]. Asia-Pacific Journal of Chemical Engineering, 2020, 15(4): 2482.
[49] 田丽梅,任露泉,刘庆平,等. 工程仿生学-仿生非光滑旋成体表面减阻特性数值模拟[J]. 中国学术期刊文摘,2007,13(6):25-25.
[50] 张晓萌,王艳华,张立佳,等. 仿生表面髋关节假体生物力学性能的有限元分析[J]. 中华骨科杂志,2021,41(24):1795-1802.
[51] 戴哲敏,孙坤,庞振方. 基于 labVIEW 的陶瓷泥料切向阻力检测装置研制[J]. 中国陶瓷工业,2020,27(3):17-19.
[52] 孙友宏,高科,张丽君,等. 耦合仿生孕镶金刚石钻头高效耐磨机理[J]. 吉林大学学报(地球科学版),2012,42(S3):220-225.
[53] 许建民. 基于仿生导流罩的厢式货车减阻研究[J]. 汽车工程,2019,41(3):283-288.
[54] 杨雪峰,赵丹阳. 仿生鲨鱼皮滚压成型表面减阻数值模拟研究[J]. 建模与仿真,2018,7(2):63-75.
[55] 李凯杰. 仿生凹坑叶轮减阻及离心泵组动力学特性研究[D]. 哈尔滨:哈尔滨工程大学,2018.
[56] 代翠. 离心泵作透平流体诱发噪声特性理论数值与试验研究[D]. 镇江:江苏大学,2014.
[57] 郭蕴纹,任露泉,刘先黎,等. 仿生凹坑与纳米碳化硅/镍基复合镀层耦合表面的磨损性能[J]. 吉林大学学报(工学版),2012,42(1):74-78.

[58] 张金波,佟金,马云海. 仿生肋条结构表面深松铲刃的磨料磨损特性[J]. 吉林大学学报(工学版),2015,45(1):174-180.
[59] 李晶,丛居平,郭楠,等. 超疏水低黏附自清洁类蝶鳞片仿生结构的激光构筑与力学机理[J]. 中国激光,2022,49(16):62-69.
[60] HARMOCK B T,DOWSON D. Isothermal elastohydrodynamic lubrication of point contacts, part Ⅲ-fully flooded results [J]. Journal of Lubrication Technology, 1977,99(2):264-275.
[61] RANJAN R, KUMAR R, KUMAR N, et al. Impedance and electric modulus analysis of Sm-modified $Pb(Zr_{0.55}Ti_{0.45})_{1-x/4}O_3$ ceramics[J]. Journal of Alloys & Compounds,2011,509(22):6388-6394.
[62] ETSION I. Improving tribological properties of automotive mechanical components by laser surface texturing[J]. Tribology Letters,2004,17(4):733-737.
[63] SHEN C,HUANG W,MA G L,et al. A novel surface texture for magnetic fluid lubrication[J]. Surface and Coatings Technology,2009,204(4):433-439.
[64] RYK G,ETSION I. Testing piston rings with partial laser surface texturing for friction reduction[J]. Wear,2006,261(7/8):792-796.
[65] BASTI A,OBIKAWA T,SHINOZUKA J. Tools with built-in thin film thermocouple sensors for monitoring cutting temperature[J]. International Journal of Machine Tools and Manufacture,2007,47(5):793-798.
[66] MAEDA T. CS-4-9 Latest status of metal 3D printing[C]. The Institute of Electronics,Information and Communication Engineers,2015.
[67] CARDELLINI J,RIDOLFI A,DONATI M,et al. Probing the coverage of nanoparticles by biomimetic membranes through nanoplasmonics[J]. Journal of Colloid and Interface Science,2023,640:100-109.
[68] CIRIELLO F,GUALTIERI M,LONGHIN E,et al. A new method and tool for detection and quantification of PM oxidative potential[J]. Environ Science and Pollution Research,2015,22(16):12469-12478.
[69] 吕延军,方重阳,邢志国,等. 仿生织构图案的设计、加工及应用的研究进展[J]. 表面技术,2021,50(2):112-122.
[70] PU X,LI G,LIU Y. Progress and perspective of studies on biomimetic shark skin drag reduction[J]. ChemBioEng Reviews,2016,3(1):26-40.
[71] 张占立,杨继昌,丁建宁,等. 竹叶青蛇腹鳞的超微结构及减阻机理[J]. 江苏

大学学报(自然科学版),2006,27(6):471-474.

[72] 张成春,任露泉,刘庆平,等.旋成体仿生凹坑表面减阻试验研究[J].空气动力学学报,2008,26(1):79-84.

[73] ZHANG X P,WANG Y H,SHI L. Hydrodynamics analysis of air flow over pitted surface[J]. Applied Mechanics and Materials,2013(461):712-724.

[74] 刘浩.灭火炮仿生非光滑橡胶圈密封及减阻特性研究[D].哈尔滨:哈尔滨工程大学,2012.

[75] 魏铭,张长森,王旭,等.微纳米材料改性地质聚合物的研究进展[J].材料导报,2023,37(4):254-263.

[76] GUO S R,CHEN J H,LU Y L. Hydraulic piston pump in civil aircraft:current status, future directions and critical technologies [J]. Chinese Journal of Aeronautics,2020,33(1):16-30.

[77] HUANG Y,RUAN J,CHEN Y. Research on the Volumetric Efficiency of 2D Piston Pumps with a Balanced Force[J]. Energies,2020,13(18):284-295.

[78] 邱博,邢书明,董琦.颗粒增强金属基复合材料界面结合强度的表征:理论模型、有限元模拟和实验测试[J].材料导报,2019,33(5):862-870.

[79] LI G,WANG C,ZHANG H,et al. Preliminary design of a novel AlN-Al composite coatingused for micro-electronic packaging via finite element modeling [J]. Materials Letters,2020,280:128598.

[80] 邹田春,祝贺,陈敏英,等.激光选区熔化碳化硅增强铝基复合材料的微观组织及拉伸性能研究[J].中国激光,2021,48(10):231-239.

[81] NEUBAUER E,KITZMANTEL M,HULMAN M,et al. Potential and challenges of metal-matrix-composites reinforced with carbon nanofibers and carbon nanotubes [J]. Composites Science and Technology,2010,70(16):2228-2236.

[82] 李桂荣,张勋寅,王宏明,等.微纳米 ZrB_{2p}/Al 复合材料的原位合成机制和组织特征[J].北京科技大学学报,2012,34(5):552-557.

[83] BENEA L,BONORA P L,BORELLO A,et al. Preparation and investigation of nanostructured SiC-nickel layers by electrodeposition [J]. Solid State Ionics, 2002,151:89-95.

[84] ZIMMERMAN A F,PALUMBO G,AUST K T,et al. Mechanical properties of nickel silicon carbide nanocomposites[J]. Materials Science and Engineering A, 2002,328(1):137-146.

[85] 徐滨士,董世运,涂伟毅.纳米颗粒对镍刷镀层组织及性能的影响[J].中国有色金属学报,2004,14(S1):159-163.

[86] 黄新民,吴玉程,郑玉春,等.纳米颗粒对复合镀层性能的影响[J].兵器材料科学与工程,1999,22(6):11-14.

[87] 朱立群,李卫平.电沉积 Ni-W 非晶态合金复合镀层研究[J].功能材料,1999,30(1):85-87.

[88] 吴元康,余焜,熊晓辉,等.纳米晶金刚石织构粒子增强银基电接触复合镀层的研究[J].中国电镀材料信息,2002,2(6):64-68.

[89] GAY P A,BERCOT P,PAGETTI J. Electrodeposition and characterisation of Ag-ZrO_2 electroplated coatings[J]. Surface and Coatings Technology,2001,140(2):147-154.

[90] 樊艳娥,杨绿,张进,等.碳纳米管增强 Cu-Ni 复合镀层制备及其性能[J].表面技术,2019,48(12):114-124.

[91] 王晋枝,姜淑文,朱小鹏.添加 WS_2/MoS_2 固体润滑剂的自润滑复合涂层研究进展[J].材料导报,2019,33(17):2868-2872.

[92] 陈吉会,郭巧琴,郭永春,等.多弧离子镀 AlSn20 减摩镀层组织与摩擦性能研究[J].西安工业大学学报,2020,40(4):434-441.

[93] 吴蒙华,李智,夏法锋,等.纳米金属陶瓷 Ni-AlN 复合层的超声-电沉积制备[J].材料科学与工艺,2005,13(5):548-551.

[94] 马亚军,朱张校,丁莲珍.镍基纳米 Al_2O_3 粉末复合电刷镀镀层的耐磨性[J].清华大学学报(自然科学版),2002,4:75-77,85.

[95] XIA F, LI Q, MA C, et al. Preparation and wear properties of Ni/TiN-SiC nanocoatings obtained by pulse current electrodeposition [J]. Ceramics International,2020,46(6):7961-7969.

[96] 项腾飞,焦亚萍,梅天庆,等.纳米 SiO_2 对锌-镍合金镀层耐蚀性的影响[J].电镀与精饰,2015,37(2):28-32.

[97] SADREDDINI S, RAHEMI A S, RASSAEE H. Corrosion behavior and microhardness of Ni-P-SiO_2-Al_2O_3 nano-composite coatings on magnesium alloy [J]. Journal of Materials Engineering and Performance, 2017, 26 (5): 2032-2039.

[98] 李献会,薛玉君,敖正红,等.组合超声条件下电沉积 Ni-Nd_2O_3 纳米复合镀层的耐腐蚀性能[J].表面技术,2013,42(5):1-4.

[99] 杜鑫磊,袁庆龙. Ni-W(D)/CeO_2 纳米复合刷镀层耐高温性能研究[J]. 热加工工艺,2016,45(10):150-153.

[100] STEYER P,MENDIBIDE C,MILLET J P,et al. Improvement of high temperature corrosion resistance oftool steels by nanostructured PVD coatings[J]. Materials Science Forum,2003,426(3):2503-2508.

[101] 于秀平. 激光烧结制备多孔镍基合金及烧结性能研究[D]. 南京:南京航空航天大学,2010.

[102] 汪骥,陈昌毅,李瑞,等. 纳米复合电沉积制备钢基超疏水表面工艺探究[J]. 哈尔滨工程大学学报,2016,37(5):660-665.

[103] 李静文. Zn-Ni-TiO 复合镀层制备及其光电效应研究[D]. 大连:大连理工大学,2009.

[104] 夏法锋,马春阳,王明,等. 机械零件表面沉积纳米镀层及测试技术[M]. 哈尔滨:哈尔滨工程大学出版社,2011.

[105] 张宏斌. 金属材料表面脉冲-喷射电沉积微凹坑 Ni-AlN 纳米仿生镀层研究[D]. 大庆:东北石油大学,2022.

[106] TAO K, ZHOU X, CUI H, et al. Synthesis of nanocrystalline NiCrC alloy feedstock powders for thermal spraying by cryogenic ball milling [J]. International Journal of Minerals, Metallurgy and Materials, 2009, 16 (1): 77-83.

[107] 宋广裕. 浅述钢结构镀覆和热喷涂的优缺点[J]. 全面腐蚀控制,2012,26(3):13-14.

[108] 钱苗根,姚寿山,张少宗. 现代表面技术[M]. 北京:机械工业出版社,1999.

[109] 陈浩,潘春旭,潘邻,等. 激光熔覆耐磨涂层的研究进展[J]. 金属热处理,2002,27(9):5-10.

[110] 余本海,胡雪惠,吴玉娥,等. 电磁搅拌对激光熔覆 WC-Co 基合金涂层的组织结构和硬度的影响及机理研究[J]. 中国激光,2010,37(10):2672-2677.

[111] EBRAHIMI A,KLEIJN C R,RICHARDSON I M. Numerical study of molten metal melt pool behaviour during conduction-mode laser spot melting[J]. Journal of Physics D:Applied Physics,2021,54(10):105304-105323.

[112] 胡昌义,李靖华. 化学气相沉积技术与材料制备[J]. 稀有金属,2001,25(5):364-368.

[113] 杨声海,刘银元,邱冠周,等. 乙醇钽化学气相沉积制备 Ta_2O_5 薄膜研究进展

[J].稀有金属材料与工程,2007,36(12):2075-2079.

[114] 王东亮,杨庆,武福平,等.真空蒸发镀膜法制备 TiO_2 薄膜及其催化活性[J].兰州交通大学学报,2008,27(1):53-55.

[115] LAI Y F,HUANG J H,CHEN Y C,et al. Growth of large-area non-polar ZnO film without constraint to substrate using oblique-angle sputtering deposition[J]. Journal of the European Ceramic Society,2013,33(10):1809-1814.

[116] 姜雪峰,刘清才,王海波.多弧离子镀技术及其应用[J].重庆大学学报(自然科学版),2006,29(10):55-57.

[117] 李建.电火花沉积 FeCrAl 涂层和 NiCr 涂层组织及其性能研究[D].兰州:兰州理工大学,2019.

[118] 张建斌,朱程.电火花沉积技术研究与应用进展[J].材料导报,2023,37(21):221-234.

[119] MCGEOUGH J A,LEU M C,RAJURKAR K P,et al. Electroforming process and application to micro/macro manufacturing [J]. CIRP Annals-Manufacturing Technology,2001,50(2):499-514.

[120] 李鑫庆,陈迪勤,余静琴.化学转化膜技术与应用[M].北京:机械工业出版社,2005.

[121] POPOV K I, DJOKIĆ S S, GRGUR B N. Fundamental aspects of electrometallurgy[M]. Berlin:Springer Publisher,2002.

[122] 夏法锋,赵旭东,马春阳,等.脉冲电沉积参数对镍基 TiN 纳米镀层耐蚀性影响[J].兵器材料科学与工程,2020,43(5):1-4.

[123] MUREŞAN A C,BURUIANĂ D L,ISTRATE G G,et al. Effect ofelectrodeposition parameters on the morphology, topography and corrosion resistance of epoxy resin/zinc hybrid coatings[J]. Materials,2021,14(8):1991.

[124] GUPTA R N. Study of pulse electrodeposition parameters for nano YSZ-Ni coatings and its effect on tribological and corrosion characteristics[J]. Applied Nanoscience,2021,11(1):173-185.

[125] REN A H,FU X Q,DUAN S L. Effect ofcurrent density on the performance of Ni-Fe-P-CeO_2 composite coating prepared by jet electrodeposition[J]. International Journal of Electrochemical Science,2020,15(9):8563-8583.

[126] 熊毅,荆天辅,张春江,等.喷射电沉积纳米晶镍的研究[J].电镀与精饰,2000,22(5):1-4.

[127] 陆宏圻. 喷射技术理论及应用[M]. 武汉:武汉大学出版社,2004.

[128] 赵剑峰,黄因慧,吴安德. 射流电沉积快速成形技术基础试验研究[J]. 机械工程学报,2003,39(4):75-78.

[129] KANG M,ZHANG Y,LI H Z. Study on the performances of Ni-Co-P/BN(h) nanocomposite coatings made by jet electrodeposition[J]. Procedia CIRP,2018,68:221-226.

[130] SONG Z,ZHANG H,FU X,et al. Effect of current density on the performance of Ni-P-ZrO_2-CeO_2 composite coatings prepared by jet-electrodeposition[J]. Coatings,2020,10(7):616.

[131] SUN C,FAN H,JIANG J,et al. Effect of current density on microstructure, microhardness, and tribological properties of Cu-Al_2O_3 composite coatings prepared by jet electrodeposition[J]. Journal of Electronic Materials,2022,51(11):6518-6524.

[132] 王猛,谭俊,吴迪. 工艺参数对喷射复合电沉积的影响[J]. 材料导报:纳米与新材料专辑,2016,30(1):112-116.

[133] 姜凌云,陈劲松,鲍恩泉,等. 喷射电沉积制备超疏水复合涂层及其耐腐蚀性能研究[J]. 热加工工艺,2020,49(12):82-85.

[134] 王楠,荆天辅,乔桂英,等. 添加剂对喷射电沉积纳米晶 Co-Ni 合金的影响[J]. 电镀与环保,2006,26(2):7-10.

[135] FAN H,ZHAO Y,JIANG J,et al. Effects of deposition parameters on the microstructure and properties of jet-electrodeposited Ni-La_2O_3 composite coatings[J]. Journal of Materials Science: Materials in Electronics,2020,31(16):13919-13925.

[136] 周玉凤,刘瑞,汪红. 表面粗糙度对镍镀层结合性能的影响[J]. 电镀与涂饰,2014,33(19):815-817.

[137] DORYLL J K,HAYNES R,SINITSKIAND R E,et al. Thermocompression bonding using high-speed selective gold plating[J]. Plating and Surface Finishing,1980,67(5):80-85.

[138] BOOKING C. Laserenhanced and high speed jet selective electrodeposition[J]. Transactions of the Institute of Metal Finishing,1988,66(1):50-54.

[139] 梁志杰,曹勇. 摩擦喷射复合高速电沉积 n-Al_2O_3/Ni 性能研究[C]//2004全国荷电粒子源、粒子束学术会议论文集. 乌鲁木齐,2004:353-357.

[140] 谭俊,兰龙,吴迪. 超声功率对超声辅助喷射电沉积 Ni 镀层组织与性能影响[C]//第十届全国表面工程大会暨第六届全国青年表面工程论坛论文摘要集(一). 武汉,2014:112.

[141] CHEN J S,HUANG Y H,QIAO B,et al. Research on jet electrodeposited Cu-Al_2O_3 nanocomposition coatings[J]. Applied Mechanics and Materials,2010,37:1041-1044.

[142] WANG W,QIAN S Q,ZHOU X Y. Microstructure and oxidation-resistant of ZrO_2/Ni coatings applied by high-speed jet electroplating[J]. Journal of Materials Science,2010,45(6):1617-1621.

[143] 张庆,谭俊,谢凤宽,等. 电流密度对喷射电沉积 Co-Ni-Cr_3C_2 复合镀层组织及性能的影响[J]. 表面技术,2020,49(5):191-199.

[144] FU X,SHEN M,LIN J,et al. Microstructure and wear resistance of a Ni-Fe-Co-P/CeO_2 composite coating after heat treatment[J]. Protection of Metals and Physical Chemistry of Surfaces,2020,56(4):793-802.

[145] 陈斐,黄因慧,田宗军,等. 喷射电沉积快速成形金属零件新技术研究[J]. 机械科学与技术,2011,30(8):1276-1279.

[146] 李恒征,康敏,张银,等. 喷射参数对 Ni-Co-BN(h)纳米复合镀层结构及耐磨性的影响[J]. 中国表面工程,2018,31(2):103-112.

[147] 段双陆,傅秀清,沈莫奇,等. 回转体表面喷射电沉积 Ni-P-ZrO_2 复合镀层耐腐蚀性能研究[J]. 材料科学与工艺,2020,28(4):73-81.

[148] 马世伟,陈劲松,田宗军. 喷射电沉积技术的发展与应用[J]. 热加工工艺,2016,45(6):9-11.

[149] LI C,XIA F,MA C,et al. Research on the corrosion behavior of Ni-SiC nanocoating prepared using a jet electrodeposition technique[J]. Journal of Materials Engineering and Performance,2021,30(8):6336-6344.

[150] 马春阳. 泥浆泵关键部件表面多场耦合电沉积 Ni-TiN 纳米镀层机理及性能研究[D]. 大庆:东北石油大学,2018.

[151] 马春阳,李华兴,夏法锋,等. 灭茬刀具刃口表面制备 Ni-Co-TiN 复合镀层的组织与性能[J]. 焊接,2021(7):7-14,62.

[152] ZHANG Y,MBUGUA N S,JIN H,et al. Preparation and investigation of Ni-Co-P alloy coatings using jet electrodeposition with varying pulse parameters[J]. Crystals,2023,13(2):303.

[153] 张银,康敏,李恒征,等. 工件转动速度对喷射电沉积 Ni-P/BN(h)复合镀层耐磨性能的影响[J]. 材料保护,2018,51(7):6-9,14.

[154] ZHANG Y,KANG M,YAO L,et al. Study on the wear and seawater corrosion resistance of Ni-Co-P alloy coatings with jet electrodeposition in different jet voltages and temperatures of plating solution[J]. Coatings,2020,10(7):639.

[155] XU J,CHEN Y,SHEN L,et al. Fabrication of superhydrophobic stainless-steel mesh for oil-water separation by jet electrodeposition[J]. Colloids and Surfaces A:Physicochemical and Engineering Aspects,2022,649:129434.

[156] 曹勇,梁志杰,谢凤宽,等. 摩擦喷射复合电沉积技术研究[J]. 表面技术,2004,33(3):22-24.

[157] 张艳艳,郝欣丽,张东,等. 电流密度对刀具上喷射电沉积 CoNiCrC 涂层组织及摩擦性能的影响[J]. 真空科学与技术学报,2021,41(5):479-483.

[158] 宫凯,黄因慧,田宗军,等. 喷射电沉积制备多孔金属镍工艺[J]. 机械工程材料,2008,32(8):40-42.

[159] 朱军,田宗军,刘志东,等. 摩擦喷射电沉积快速成型金属铜零件的表面形貌与力学性能[J]. 机械工程材料,2011,35(9):35-38.

[160] LIN Q,WANG L,SUI R. Wetting of AlN by moten Cu-8. 6Zr-xTi ternary alloys at 1373 K[J]. Acta Materialia,2021,203:116488.

[161] 孙久荣,程红,丛茜,等. 蜣螂减粘脱附的仿生学研究[J]. 生物物理学报,2001,17(4):785-793.

[162] 张宏斌,王金东,赵旭东,等. 电流密度对 Ni-AlN 仿生镀层耐磨性的影响[J]. 兵器材料科学与工程,2022,45(1):1-12.

[163] ZHAO Y,XU S R,PENG R S,et al. Performance enhancement of InGaN/GaN MQWs grown on SiC substrate with sputtered AlN nucleation layer[J]. Materials Letters,2021,294:129783.

[164] AHMAD S A,HUSNAIN G,AJMAL M,et al. Irradiation with phosphorus ions modifies the structure and tunable band-gap of a hexagonal AlN thin film[J]. Applied Physics A,2021,127(9):1-8.

[165] 邹途祥,卫英慧,侯利锋,等. 纯铝表面机械研磨纳米化后的显微组织和硬度[J]. 机械工程材料,2009,33(1):40-43.

[166] 于欣伟,陈姚,刘建平,等. 复合镀层中纳米三氧化铝含量的测定方法研究[J]. 无机盐工业,2004,36(6):57-59.

[167] VIDRINE A B, PODLAHA E J. Composite eletrodeposition of untrafine γ-alumina particles in nickel matrices part I: citrate and chloride eletrolytes. Journal of Applied Electrochemistry, 2001, 31: 461-468.

[168] FUJIWARA Y, YARIMIZU Y, ENOMOTO H, et al. Electrodeposition of Sn-Ag alloys from pyrophosphate baths containing suspended Ag nanoparticles [J]. Surface and Technology, 1999, 50 (12): 147-148.

[169] 于欣伟,刘建平,赵国鹏,等. 复合镀层中纳米微粒含量的测定方法研究[C]//中国化工学会无机酸碱盐专业委员会无机盐学术年会论文集. 张家界, 2004: 50-54.

[170] 吴蒙华,雪金海,夏法锋,等. 用 AR 模型预测 Ni-TiN 复合镀层中纳米 TiN 粒子复合量[J]. 稀有金属材料与工程,2010,39(S1):329-331.

[171] 韩晨阳,孙耀宁,徐一飞,等. 激光熔覆镍基合金磨损及电化学腐蚀性能研究[J]. 表面技术,2021,50(11) :103-110.

[172] 冯登泰. 接触力学的发展概况[J]. 力学进展,1987,17(4):431-446.

[173] 梁力. 有限元离散化方法与自适应分析[M]. 沈阳:东北大学出版社,1998.

[174] 阎彬. 结构-热耦合问题及结构疲劳的可靠性分析方法研究[D]. 西安:西安电子科技大学,2013.

[175] 龙珍. 4RDS 压缩机及管系振动研究[D]. 大庆:大庆石油学院,2005.

[176] 吕伟荣,刘苗苗,卢倍嵘,等. 法兰攻丝高强度螺栓连接攻丝板牙体强度理论研究[J]. 建筑钢结构进展,2021,23(11):55-62,71.

[177] 姚小飞,谢发勤,韩勇,等. 温度对 TC4 钛合金磨损性能和摩擦系数的影响[J]. 稀有金属材料与工程,2012,41(8):1463-1466.

[178] 谢友柏. 摩擦学的三个公理[J]. 摩擦学学报,2001,21(3):161-166.

[179] 黄平,温诗铸. 粘弹性流体动力润滑与润滑磨损[J]. 机械工程学报,1996,32(3):35-41.

[180] 蒋一,孙寒冰,邹劲,等. 引气槽减阻特性的数值研究[J]. 哈尔滨工程大学学报,2016,37(2):151-156.

[181] 钱风超. 仿生鱼鳞形凹坑表面减阻性能的数值研究[D]. 大连:大连理工大学,2013.

[182] 易笃钢,沈理达,朱军,等. 脉冲摩擦喷射电沉积纳米晶镍的电化学腐蚀行为[J]. 材料科学与工艺,2015,23(3):96-101.

[183] 王颖. 喷射电沉积镍磷合金电化学行为及性能研究[D]. 南京:南京农业大

学,2014.

[184] 孙杰,宋秀秀.钛合金镍磷镀层的热扩散行为及内应力研究[J].稀有金属材料与工程,2017,46(2):433-438.

[185] GUO C,ZUO Y,ZHAO X,et al. The effects of electrodeposition current density on properties of Ni - CNTs composite coatings [J]. Surface & Coatings Technology,2008,202(14):3246-3250.

[186] 孟庆波,齐海东,卢帅,等.脉冲占空比对电沉积 Sn-Ni-Mn 合金镀层的影响[J].湿法冶金,2018,37(2):160-164.

[187] YANG H L,LI Y,LI Y G,et al. Influence of duty cycle on composition and microstructure of siliconized layer using pulse electrodeposition[J]. Advanced Materials Research,2010,139/140/141:666-669.

[188] ZHANG F,ZHANG J,NI H,et al. Optimization of AlSi10MgMn alloy heat treatment process based on orthogonal test and grey relational analysis[J]. Crystals,2021,11(4):385.

[189] 梅益,薛茂远,唐芳艳,等.基于极差分析法与 GA-ELM 的电器连接器壳体注射成型工艺优化[J].塑料工业,2021,49(1):75-80.

[190] 李重阳.再结晶和有序度对 FeCo-2V 软磁合金磁性能和力学性能的影响[J].金属材料研究,2020,46(4):41-45.

[191] LI C,XIA F,MA C,et al. Research on the corrosion behavior of Ni - SiC nanocoating prepared using a jet electrodeposition technique[J]. Journal of Materials Engineering and Performance,2021,30(8):6336-6344.

[192] 赵冠琳.镍基非晶镀层微观组织结构演变与性能分析[D].济南:山东大学,2017.

[193] 刘超锋,吕静雅,樊远皞,等.镁合金微弧氧化膜腐蚀电流密度关联过程参量间关系的预计模型[J].材料保护,2015,48(3):9-12.

[194] 梁秋颖,孙洪津,孙玥,等.不同晶粒尺寸 Cu-Ag 合金在 Na_2SO_4 介质中腐蚀电化学行为研究[J].沈阳师范大学学报(自然科学版),2011,29(2):245-248.

[195] MA H,WANG X,CHEN F,et al. Luminescence properties and energy transfer mechanism of Eu^{3+} and Tm^{3+} co-doped AlN thin films[J]. Journal of Luminescence,2021,236:118082.

[196] KAMRAN A,SIVAPRASAD N,SHAKOOR R A,et al. Synthesis and

performance evaluation of pulse electrodeposited Ni-AlN nanocomposite coatings [J]. Scanning,2018,2018:1-13.

[197] MA C, ZHAO D, MA Z. Effects of duty cycle and pulse frequency on microstructures and properties of electrodeposited Ni-Co-SiC nanocoatings[J]. Ceramics International,2020,46(8):12128-12137.

[198] 李丹,陈德馨,何叶青,等. 碳化硅复合镍磷合金涂层的组织结构、显微硬度及腐蚀性能研究[J]. 热喷涂技术,2020,12(4):29-36.

[199] XIA F F, LI Q, MA C Y, et al. Preparation and characterization of Ni-AlN nanocoatings deposited by magnetic field assisted electrodeposition technique [J]. Ceramics International,2020,46(2):2500-2509.

[200] WANG C, CHEN W, CHEN M, et al. Ni/AlN composite coating for corrosion and elements interdiffusion resistance in molten fluoride salts system [J]. Acta Metallurgica Sinica(English Letters),2021,34(12):1704-1714.

[201] 曹昌伟,冯永宝,丘泰,等. AlN 陶瓷表面氧化及 Mo-Mn 法金属化研究[J]. 人工晶体学报,2017,46(3):416-421,432.

[202] 周波,马骁,陈华三,等. 氮化铝陶瓷基板化学镀镍工艺优化[J]. 电镀与涂饰,2022,41(1):51-56.

[203] 章凯. Si 和 Ni 改性对 Ti(Cr)AlN 涂层抗高温氧化和力学性能影响研究[D]. 合肥:中国科学技术大学,2022.

[204] 郭晨浩,朱砚葛,马春阳,等. 占空比对脉冲电沉积 Ni-AlN 镀层摩擦学性能的影响[J]. 兵器材料科学与工程,2016,39(01):76-78.

[205] YANG Z G, YI S J, WANG Y, et al. Study on characteristics and microstructure of Ni-AlN thin coatings prepared via different electrodeposition techniques[J]. International Journal of Electrochemical Science,2022,17(2).:220226

[206] ZENG L, MA C Y, ZUO H R, et al. Pulse electrodeposited nano-sized Ni-AlN thin films: preparation and corrosion resistance prediction using backward propagation network model [J]. Surface Review and Letters, 2020, 27(10):1950223.

[207] 赵翀. Ni 在氮化物表面的吸附、扩散和磁性行为的研究[D]. 武汉:华中科技大学,2017.

[208] 王成旭. 熔融氟盐环境中 Ni/GH3535 体系的扩散障设计研究[D]. 合肥:中国科学技术大学,2020.

[209] KHAN M,NOWSHERWAN G A,SHAH A A,et al. A Study of the structural and surface morphology and photoluminescence of Ni-doped AlN thin films grown by co-sputtering[J]. Nanomaterials,2022,12(21):3919.

[210] KIRANJOT, DHAWAN R, GUPTA R K, et al. Interface asymmetry in AlN/Ni and Ni/AlN interfaces:a study using resonant soft X-ray reflectivity[J]. Applied Surface Science,2020,529.

[211] 张宏斌,吴志东,刘冬,等. 一种用于加工柱塞凹坑形非光滑外表面的装置 CN202110961022[P]. 2002-02-15

[212] ZHANG H,WANG J,CHEN S,et al. Ni-SiC composite coatings with improved wear and corrosion resistance synthesized via ultrasonic electrodeposition[J]. Ceramics International,2021,47(7):9437-9446.

[213] ZHANG H,WANG J,LI Q,et al. Microstructure and performance of magnetic field assisted,pulse-electrodeposited Ni-TiN thin coatings with various TiN grain sizes[J]. Ceramics International,2021,47(13):18532-18539.

[214] ZHANG H,XIA F,WANG J,et al. Influence of duty cycle and pulse frequency on structures and performances of electrodeposited Ni-W/TiN nanocomposites on oilgas X52 steels[J]. Coatings,2021,11(10):1182.

[215] ZHANG H, XU F, WANG J, et al. Impact of SiC particle size upon the microstructure and characteristics of Ni-SiC nanocomposites[J]. Journal of the Indian Chemical Society,2022,99(6):100474.